2013 CHINESE INTERIOR DESIGN

COLLECTION

2013中国室内设计集成

|办公室|商业展示|娱乐休闲|公 共|

《设计家》 编 著

广西师范大学出版社
·桂林·

前言

汇百家　集大成

　　《2013中国室内设计集成》是《设计家》杂志秉持其一贯的开放视野和专业态度，汇编最新于中国境内完成的优秀室内设计作品集。全书共收集140个作品，类型涵盖酒店、餐厅、办公、商业展示、娱乐休闲、公共空间、售楼处、别墅、公寓等，门类多样，是当下中国室内设计各个领域的代表性作品。作者阵容强大，有来自著名国际设计机构的欧美名师，有久已闻名于业内的亚太名家，也有本土创作实力派和海归创意新锐族，充分体现了编者海纳百川的包容精神。

　　本书全部为最新实际完成的作品，以当下现实生活为基础，展现了多元创作风格，既与国际潮流趋势接轨，也与中国传统文化一脉相承，为关注中国室内设计现状与发展方向的相关人士集中提供了真实的样本，也是中国室内设计迅速成长与成熟的成果纪录。

《设计家》编辑部

2013年5月

目录

CONTENTS

娱乐休闲　**ENTERTAINMENT LEISURE**

公共　**PUBLIC**

2013 中国室内设计集成
CHINESE INTERIOR DESIGN COLLECTION

「办公室」
OFFICE

01

HILTON WORLDWIDE SHANGHAI OFFICE

希尔顿酒店管理公司上海办公室

设计单位　HASSELL
项目地点　上海
项目面积　1,500平方米
完成时间　2012年6月

　　在项目开始初期，业主希尔顿酒店管理公司就表达了他们需求：打造一个可满足员工高效率工作的办公空间，同时又希望这个空间让来访的客人可以感受到酒店的氛围，展现出希尔顿作为酒店管理公司特有的行业特色。

　　设计师将接待区、洽谈区，以及会议室，作为整体设计的重点区域。在设计上，简化的中式元素体现办公室所处的地域文化特点，也带给来访的客人一种酒店式宾至如归的感觉。

　　办公室中的非正式洽谈区，设计成了具有希尔顿旗下酒店风格的行政酒廊。员工在这个半开放式的洽谈区域可以进行轻松的沟通会谈，也可以在此稍作休憩。同一个空间区域也可以作为公司聚会的活动场地，比如办一场鸡尾酒会。访客们在这里仿如置身酒店会议厅，空间氛围舒适惬意，少了一般办公室的局限与约束感。这个洽谈空间的大型玻璃窗外就是迷人的上海黄浦江的外滩景色。

　　希尔顿办公室的入口接待区靠近高楼的电梯厅，少了外滩的无敌景观。因此，HASSELL的设计师特别将连接接待区与洽谈区的走道设计成有着中式简化屏风，装饰意味强烈的连廊。穿过浸润着中国元素的走道，璀璨江景与繁华外滩尽收眼底一览无余，特别具有视觉冲击力。

　　会议室区域在洽谈区旁边，也能尽情领略百年外滩的无限风情。大会议室的迷你吧上用木饰拼贴出抽象的外滩景观，精致如一幅艺术品。

01 前台接待区
02 木质结构的休息接待区
03 设计有中式简化屏风的廊道
04 简练的直线结构强化的办公环境的理性气场

03 04

05 洽谈空间的大型玻璃窗可饱览黄浦江的外滩景色
06-07 可供茶歇的休息及交流区域
08 小型会议室
09 大型董事会议室

09

10

01

ABN AMRO BANK
荷兰银行办公楼

设计单位　HASSELL
项目地点　香港
项目面积　4,000平方米
完成时间　2012年

　　荷兰银行的办公楼位于香港最高的大厦——环球贸易广场中。客户在其任务书中要求将办公室设计成新颖的开放式办公环境，能同凭借合并与收购业绩而闻名的荷兰银行联系起来。

　　HASSELL的设计灵感来自香港与荷兰之间多样化的文化差异，并受到两者之间迥异的历史景观的启发。设计团队还研究了荷兰的传统美学与现代美学。设计中大面积的画廊风格接待处，

用于陈列银行私有的当代艺术收藏，会议室从建筑周边后退设置，展现香港岛的无限美景。访客还可在办公时间进入一处商务廊厅。

　　公共休息区为员工的休息活动空间，这里可容纳50个人，并可在此欣赏海港及远处的景色。办公空间还设有开放式工作站、共享式非正式会议区及一些封闭的办公室。

　　HASSELL提供的室内设计达到了LEED（绿

色建筑评估体系）要求，如综合照明感应控制装置、碳化竹子等可持续发展材料的使用，有利于大量利用自然光的开放式的空间布局，以及增加室内的植物和自然材料等。连通内部的楼梯大量使用木材，这一想法来源于荷兰河舟的手工造型。

02

01-02 大面积的画廊风格接待处
03 接待休息区

03

04

05

06 07

08

09 封闭的办公室
10-11 可饱览香港岛景观的观景会议室

10

11

01

INCANA OFFICE
西帷办公室

设计单位	汉诺森设计机构
主持设计	王文亮
项目地点	广东 深圳
项目面积	750平方米
完成时间	2012年

西帷是一个新成立的品牌。作为中国企业由生产化向品牌化转变的一员，西帷希望建立起具有国际化品味的办公空间，来接待国内外的代理商和客户，传达其进步的企业形象。

空间的整体设计上，我们注重传达空间带来的品牌感受。以一条通过"浪费"工作面积而换取的公共长廊，作为步入内部空间的过渡，提升人们的情感预期。工作空间内部，我们用白色铁网的半封闭隔断，在紧凑合理的规划中带来明净舒畅的工作氛围。

材质上我们反对堆砌，首次尝试利用廉价瓷砖的反面肌理，通过重新拼接、打磨、涂刷，显现出一种精致、有序的美感，温馨而时尚。墙面与白色金属网的连接呼应，为空间注入了纯净而轻盈的独特气质。

02 03

01-02 接待前台
03 公共长廊
04-05 明净舒畅的接待区

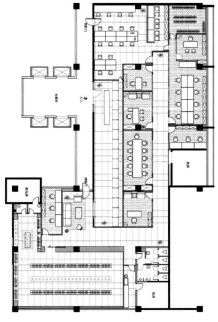

平面布置图

06 07

01

WOODS BAGOT BEIJING STUDIO
伍兹贝格北京设计工作室

设计单位　伍兹贝格北京设计工作室
主持设计　Vince Pirrello
项目地点　北京
建筑面积　1,000平方米
完成时间　2011年

　　伍兹贝格工作室是一个灵活的设计空间，提倡以活动为基础的工作环境，是为配合各专业设计要求的独特多元化任务而量身订做的工作室。项目位于北京活力四射且设计新颖的三里屯，由一所旧公寓建筑改造而成，为打造一个动态现代的新型设计室提供了良好的机会。

　　最初的构思是将其设计成为伍兹贝格全球设计室主要枢纽之一的办公空间。伍兹贝格北京工作室将高科技引入办公空间，让员工可以随时随地工作、休息和娱乐。这种新的工作理念亦为团队间带来崭新又灵活的"无间断协作"合作模式。

　　项目采用了可持续发展和色彩有限的材料做饰面。覆盖用的可再生木材，充满生气的纺织品和地毯增添了空间的温暖感；软木板和可书写的表面整合拼接，活化了整个空间，能帮助每个团队成员清晰地讨论他们所参与的项目。

　　工作室还有覆盖WIFI无线网络的混合区域，区域内包括设计桌、会议间、休息间、多人办公区及安静的个人工作区，另有起居室、餐厅和厨房。每位设计师都配备一台笔记本电脑、一部手机和一个私人更衣柜。无论有形还是无形，工作室的设计都指向为设计师与客户及全球14个工作室之间的提供便利的沟通协作。

01 接待处
02 红色休息区外视图
03 开放的小型讨论区及工作空间便于员工间的交流

02

03

04

05

04-06 不同色彩的工作空间
07 会议室
08 休闲空间

01

DUNMAI OFFICE

Dunmai办公室

设计单位　Dariel Studio
主持设计　Thomas DARIEL
项目经理　候胤杰
项目地点　上海
项目面积　1,200平方米
完成时间　2011年8月

　　本项目的客户是来自澳门的创意活动主办公司，在充分考虑了客户的特性和要求后，设计师Thomas DARIEL 决定将其打造成充满活力的现代创意办公室，带给员工一种愉悦、轻松的工作氛围，同时利用高科技的产品来体现办公室的实用性和功能性。

　　由于这座四层老厂房内部结构的限制，设计师决定只保持外立面的历史感，而打破室内所有原有结构，重塑一个具有线条感的开放性三层楼空间。设计师将中庭打造成一个挑空开放的区域，并采用长型白色钢琴漆办公桌，既满足了对友好的工作氛围的需求又便于员工之间的交流。

　　"在公园里工作 – 在办公室玩乐"这个主题被不遗余力地运用于整个空间结构中，以展现出一个前卫和有趣的办公室空间。

　　首先，运用灯光设计将整个空间点缀得如同室外一样明亮。在配色上运用纯白，将这个原本阴暗陈旧的老厂房改造成一个通透明亮、简洁纯净的办公区域。其次，在重塑内部空间结构时，以大树枝干为灵感，营造出生动的线条感，并且在墙面上运用向上排列的方格抽屉，让人联想到一格格花盆，种植在里面的植物不断向上延伸，更好地体现了"在公园里工作"的主题。

　　休息室的入口被特别设计成看似电梯门的样子。当你远远看到一部电梯，正想上楼的瞬间，殊不知却是一扇自动门通向同样具有创意的卫生间。

　　卫生间的墙面借鉴了法国著名艺术家的涂鸦风格，将小时候游戏机中的形象作为马赛克的图案。设计师并没有忽略办公室所应具有的功能和实用性，通过运用高科技材料，并设置多处玻璃隔墙和门，既创造了一个开放透明的空间，又更方便员工之间的交流。

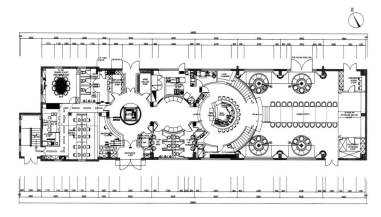

一层平面布置图

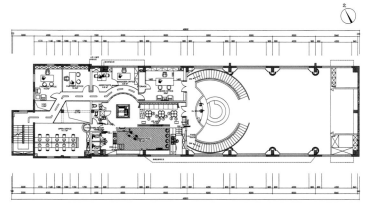

二层平面布置图

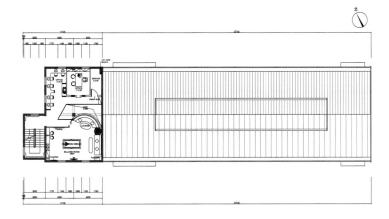

三层平面布置图

01 休息室入口
02 会议室的墙面上排列了方格抽屉
03 工作区的环境营造来自户外公园的概念

04 从会议室看办公区
05-07 卫生间的墙面将小时候游戏机中的形象用马赛克图案拼贴呈现
08 会议室的设计以网球场为雏形

09 楼梯处设有可供阅览的趣味书架
10 办公室的地面上马路交错
11 铺设在桌椅下的绿色草坪好似在草地上办公
12-13 灯光设计将这个陈旧的老厂房点缀得如同室外一样明亮
14-15 休息室入口的造型如电梯门

14

15

01

SITE02 ARCHITECTURE OFFICE
塞赫建筑设计办公室

设计单位	上海塞赫建筑咨询有限公司
主持设计	王士鹬、柯津宇、刘英
项目地点	上海
项目面积	约600平方米
完成时间	2012年10月

塞赫建筑新办公室位于上海市普陀区的一个小型办公园区内，园区原本是一处长时间闲置的模具工厂，经由开发商简单改造成为了一个具备现代基础设施的办公园区。

塞赫入住了一间独立的厂房建筑，并将这个老厂房改造成一间简洁现代的办公空间。设计尽可能的保留了建筑原有的结构及尺度，让厂房原有的空间感及历史感得以显现，并在这个前提下植入了几个大小不一的木盒子以及连廊来划分功能区域，例如工作空间、休闲空间、展示空间。

整个空间被划分成了三个部分：

第一部分为空旷的展示空间及软装部门办公室，展示空间用来成列软装部门的设计成果、过程、及各类的软装产品。软装部的上方搭建了一个夹层平台，承载了茶水间的功能，供员工休息、用餐使用。

第二部分为通往二楼平台的大型楼梯。设计师在楼梯前方设置了一面宽7米高4米的大型墙面，将这个原本无功能的过度空间变成了一个可投影的非正式影视会议空间。访客或员工可坐在楼梯上观看项目演示或在此举办讲座和讨论会。

第三部分为设计部门的主要工作空间，开放式的布局让空间显得更加整体，并让员工之间更容易交流。二层平台连贯了两个木盒子，一个木盒子为会议室，另一个为经理办公室。连廊靠墙的一侧设置了通长的开放式高柜，用来储藏及展示各类材料小样。

整个办公空间采用了清新明快的色调，以及简单、环保的材料搭配。利用回收木片、水泥、玻璃以及涂料等较为朴实的材料组合，来创造一个舒适、现代、独特的工作环境。

01 一楼休息及展示区
02-03 室内空间结构保留了原厂房的结尺度及空间感

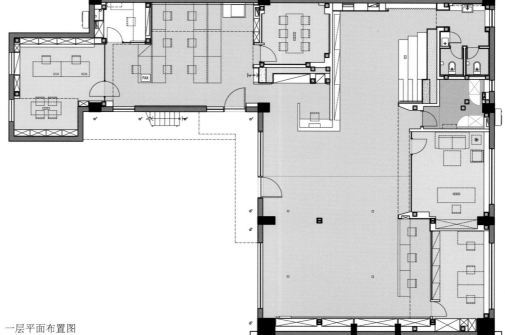

一层平面布置图

04 通往二楼平台的大型楼梯可灵活的供会谈或者休息使用
05 木质楼道
06 茶水间
07-08 开放式的设计部工作区

07

二层平面布置图

08

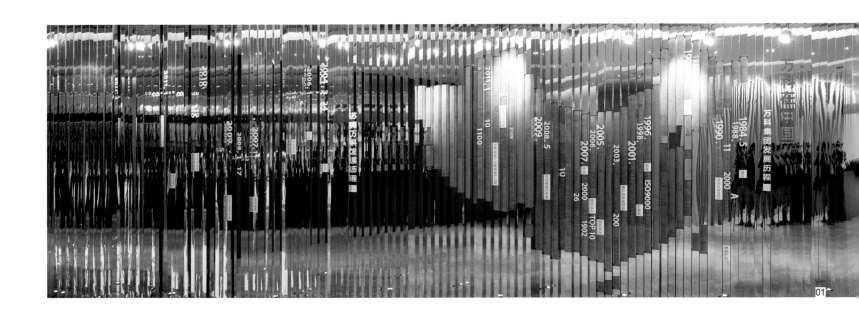

VANKE SUZHOU OFFICE
苏南万科办公室

设计单位	上海塞赫建筑咨询有限公司
主持设计	王士龢、柯津宇
项目地点	江苏 苏州
项目面积	约4,500平方米
完成时间	2011年7月

不同于一般办公室空间的相对严谨及制式化，本案在设计中利用了"住宅"的概念、元素以及细节处理手法，希望在提升职业氛围的前提下，将万科的新办公楼打造成一个更加人性和温馨舒适的工作环境。有别于一般较为偏冷调的办公环境，此案中采用了更加柔和的材质搭配，并特别强调了公共区域以及休息洽谈区的舒适性和居家感。

空间的整体设计线条是简洁明快的，但是在细节处理以及材料的选择上则更强调自然亲和的质感。整体开放式的布局安排是为了方便员工间的沟通和交流，在部门的位置安排上也考虑到了相互之间的工作关系。除此之外我们还特地设计了许多开放式的会谈空间，让员工能够随时随地方便地探讨工作上的细节。

我们为了尽可能增加办公区域内的绿化面积，设计了不同的绿化方式以及绿化空间。办公区中央的室内庭园以及三楼的户外露台花园不仅提升了自然清新的办公氛围，还体现了一种室内外结合的自然环保特点。

苏南万科总部办公室共有四层，地下一层为车库，一楼为入口大堂以及企业形象展示空间，

二楼及三楼为办公空间以及主要功能区域。万科的新"家"有了更多为员工考量的公共设施，其中包括了车库、厨房、餐厅、书房、乒乓球房、培训室、户型研究室、内庭园、外庭园等功能区域。会议室的数量以及配置也比之前的办公室提升了至少一倍以上。

01 大厅内的概念墙
02 大堂局部
03 入口
04-07 形象展示墙细节

江苏苏南万科房地产有限公司
JIANGSU SUNAN VANKE REAL ESTATE CO.,LTD.

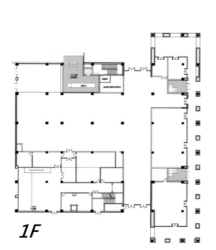

1F

一层平面布置图

2F

二层平面布置图

3F

三层平面布置图

08-10　办公区中央的室内庭园
11　办公区域
12　俯瞰办公大厅

12

13 过道
14 员工展示墙
15-16 休息区
17 餐厅
18 公共区域
19-20 楼梯

01 02

JIAJIE APPAREL
COMPANY OFFICE

嘉捷服饰有限公司总部办公楼

设计单位　　杭州意内雅建筑装饰设计有限公司
主持设计　　朱晓鸣
项目地点　　浙江 海宁
项目面积　　5,000平方米

此案为一家从事皮革服装生产、国际贸易的服饰公司的办公总部。为表现该企业的国际性企业文化和服装行业的时代性特点，设计师尝试中西合璧的手法，将欧式建筑风格简约化，结合当代简约、纯粹、几何的设计语言，力图营造一种带着欧洲中世纪图书馆气息的空间氛围。

在一层的空间中，通过欧式风格墙体的围合割划，修整出规整利落净高九米的中厅。为增强室内装饰气息的年轮厚重感，用了清水混凝浇筑的方法，在改变了原有柱子形态的同时，又修正了原建筑柱网的形体差异，并自然地对接了建筑原有的素水泥顶。大厅以虚实相间的通高书柜阵列围合，结合欧洲经典家具、饰品的陈设，刚柔

相济地强化了中厅的视觉张力，并影射出企业浓郁的国际风范和深远文化。

二层、三层为生产、营销、企划、人事等高密度人员办公区，在敞开式办公区中，合理地划分了工作区与劳逸结合的茶水间、阅览室、员工休息区等，形态上更注重功能性与简约的统一。

在五层的高管办公区中，特别结合每位高管的艺术审美、生活哲学，呈现出风格迥异的独立空间的自我气息。

在整体的空间材质运用上，设计师并未一味追求欧式的奢华；水磨石地、回购老木板、自制木纹水泥墙等的运用，既跳脱了办公空间常规用材的同质化，化常规为独特，又为现代企业的严

谨、简洁、环保理念加分。

01-02 建筑外立面
03 欧洲中世纪图书馆气息的中庭大空间
04 木质前台和烛光吊灯

一层平面布置图

三层平面布置图

二层平面布置图

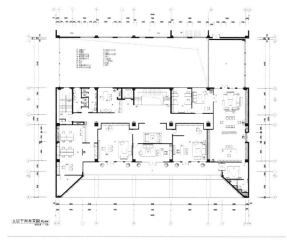

四层平面布置图

03 04

05 楼梯间结构
06-07 木质框架玻璃透明墙
08 休息洽谈区
09-10 过道
11 休息交流区

09 10

11

12 西方美术人像壁纸的墙面布置

13 图书阅读区域

14 可供饮茶的休息区域

15-16 高管办公室

15

16

PARADOX HOUSE

Paradox 多媒体设计工作室

设计单位	THE XSS LIMITED
主持设计	张思慧
项目地点	泰国 曼谷
项目面积	300平方米
完成时间	2012年

层叠的仓库摇身一变，成为时尚的多媒体设计工作室，Paradox多媒体工作室找到了实用功能和现代风格的完美平衡，同时反映出它主人独特的品味和生活方式。它创造了一个洁净及线条分明的工作环境，突出了黄色玻璃框架的夹层，几何形状和线条充满现代感，不失为一个型格的工作空间。

为了呈现超震撼的创造力，设计师在顶层以盒子形式开始，标志着一个起点。作为多媒体工作间，它的设计采用现代风格，是一个兼具多功能及高科技的开放空间。

建筑元素在Paradox工作室里占有相当重要的装饰作用。空间设计纯为现代主义，采纳不同的物料、颜色、及形状。钢铁支架的玻璃楼梯是一种视觉享受的艺术。巧妙的设计，使它看起来好像悬挂着，营造出空中浮动的幻觉。

恰如其名，Paradox工作室在设计中反复利用对比的主题——黑色物质配搭纯白的墙壁、或者银白色磨砂铝条及马赛克。巧妙的照明装置为不同区域的空间制造无比惊喜。影子与光线的结合，为寂静的空间带来了生命气息。

从剖面图来看，Paradox工作室的布局表现了和谐的一面，它的设计融会了水平和垂直元素。简约设计的楼梯，以玻璃栏杆为主，透视的结构在视觉上完美地呈现出建筑的特征和美学概念，为空间的流动性作出了切实的定义。

01 顶层盒子形式的办公区域
02 Logo元素的墙体设计
03-04 建筑元素为主要室内构架

地下一层平面布置图

一层平面布置图

二层平面布置图

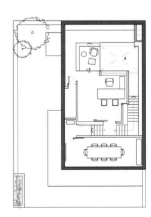
三层平面布置图

05-06 灯光增加了简单空间的层次感
07 透视的结构让楼梯看似悬挂在空中
08-09 楼梯护栏采用玻璃材质

08

09

10

11

10 夹层休息区
11 仰视楼梯结构
12-13 线条分明的现代风格办公室

12

13

CHINA ECOLOGICAL OFFICE
DISTRICT BASE OFFICE

中企绿色总部·广佛基地办公室

设计单位　广州共生形态工程设计有限公司
主持设计　彭征、史鸿伟
项目地点　广东 佛山
项目面积　800平方米
完成时间　2011年10月

中企绿色总部·广佛基地位于广佛核心区域——佛山市南海区里水镇东部，总占地面积300,000平方米，建筑面积500,000平方米。项目由生态型独栋写字楼、LOFT办公（旧工厂或仓库改造而成的空间形式）、公寓、五星级酒店、商务会所、休闲商业街等组成。

本案突出"office park（在公园里办公）"和"business casual（休闲办公）"的设计理念，鼓励"面对面"地工作，这是一种提倡"沟通、交流和互动"的工作方式，并希望使用者能有亲切的归属感，能够在一种轻松、愉悦的气氛下互动。

01 大堂休息区域
02 接待台
03 半封闭式洽谈区
04 直线结构的空间

05 轻松宽敞的办公区域
06 交流区

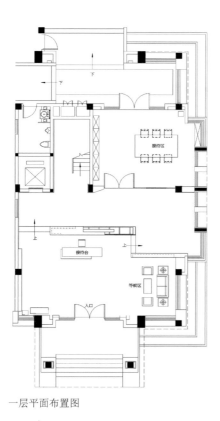

一层平面布置图

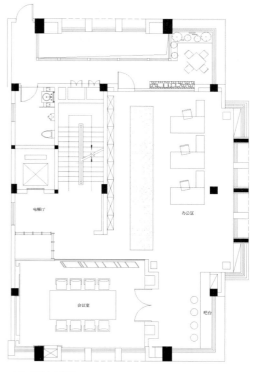

二层平面布置图

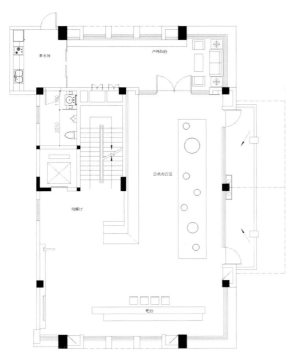

三层平面布置图

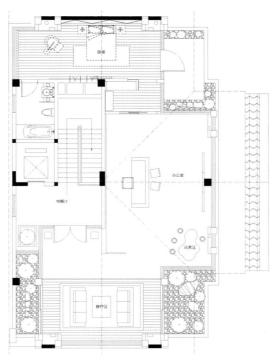

四层平面布置图

07

07 展示区
08 会议室
09-10 大面积的交流和互动区域

08

09

10

11

11 简单舒适的接待洽谈区
12 高管办公室
13 卫生间
14 楼梯间
15 会议室
16 休息区

12　13

14 15

16

FRONT NEW REGULATIONS LAND AGENT OFFICE

前线地产机构办公室

设计单位　国广一叶装饰机构
设计师　　何华武、龚志强、蔡秋娇、杨尚炜
方案审定　叶斌
项目地点　福建 福州
项目面积　1,000平方米
完成时间　2012年2月

　　优质的空间其实并无固定的准则，因为对现代人而言，优质已不再停留在表象的展示上，而是一种态度。本设计主题为"Ice change"，意为冰变，在前线地产机构的办公空间里，大胆的造型、鲜活的陈设、明快硬朗的块面感，使得空间的节奏感清晰合理。

　　前台的白色台面呈现出不规则的切割形态，背景墙则以暗色调铺陈，独特的肌理与色彩的反差十分吸引眼球，与此同时，灯光从走道至前台逐渐加强，并在前台台面上增加了红色的光晕，鲜明地标示了这个功能区域的存在。前台做为一个办公空间的前奏，匠心独运的设计让人产生一种渐进的视觉效果，并传递着惊喜。

　　休闲区是该公司的一个亮点，白色围合的圆形空间与其上方圆形的灯饰相呼应。这个区域可供人们休闲和阅读，外围的方格也可以放置书籍等物品。与之配套的黑色吧台采用了几何造型，体量感十足。

　　开放式的空间布局让视线可以自由地游走。这里利用空间的布局模糊了工作区与休闲区的临界点，让"里"与"外"得以巧妙切换。工作区的红色几何形灯盒与白色灯光的塑造，清晰地规划出这个功能区域。

　　置身于这个办公空间中，我们的思绪不会出现断层，因为色彩、造型与情调在这里融为一体。

01 前台的白色台面呈现出不规则的切割形态
02 休闲区吧台
03 用灯光色彩的变化标示了前台这个功能区域的存在

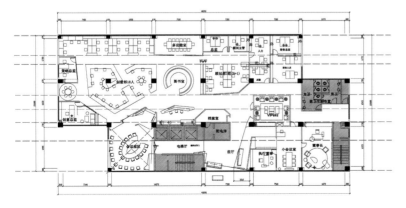

平面布置图

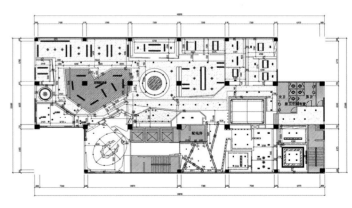

天花平面图

05

04 开放式的办公区域
05-06 过道灯光设计

06

07

07-08 白色围合的阅读休闲空间
09 通往前台的过道

08

09

TONGYEN ARCHITECTURAL
AND PLANNING DESIGN CO.LTD
同砚办公楼

设计单位　十分之一设计事业有限公司
主持设计　任萃
项目地点　上海
完成时间　2012年2月

该项目为同砚设计机构在内地全过程服务的单位，其业务包括策划、规划、建筑、室内、景观乃至招商等一站式服务。四宝砚为首，砚台质地坚实，传百世而弥清。该企业以中国之砚为核心，企业高层领导多为30岁上下的年轻人，因此企业文化取向以高科技为核心。

整个办公大楼分大厅、夹层贵宾区、员工休憩区、五楼高阶办公区、高阶会议室等不同的功能区域，都以极简的中式风格为设计主线，营造出宁静雅致的空间氛围。

本案设计汲取了中国文化的精髓，将木质材料所具有的淡雅朴素气质融进现代化的企业办公环境之中，利用灯光的处理，打造出全新的视觉效果。

会议室规整而富于视觉张力，功能性与美观性在这里得到统一。廊道的设计充分体现了以简约为主题的设计风格，摈弃了繁杂的陈设，些许的鲜花点缀更衬托出廊道空间的顺畅干净。灯光的设计也巧妙提升了廊道的韵味。

在色彩的搭配上设计师非常注重整体效果舒适性的营造，独具中国风味的黑、白、灰格调显而易见，大面积木质材料的应用充分诠释出了新传统风格的面貌。

01 山水画背景墙的会谈区
02 过道结构
03 大堂展示区
04 建筑外视
05 卫生间

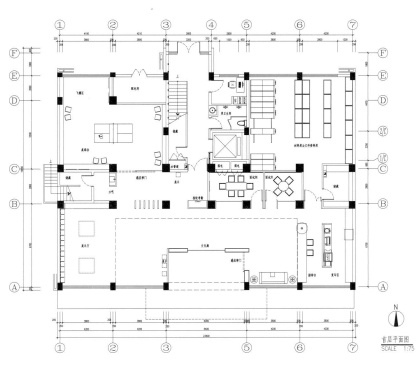

一层平面布置图

首层平面图
SCALE 1:75

06 休息阅览区
07 夹层贵宾区
08 简约设计的廊道

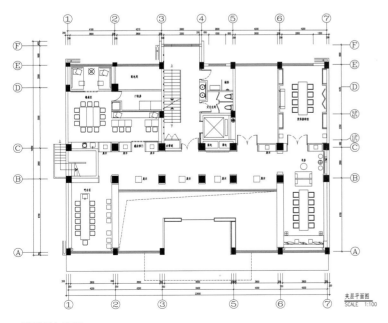

二层平面布置图

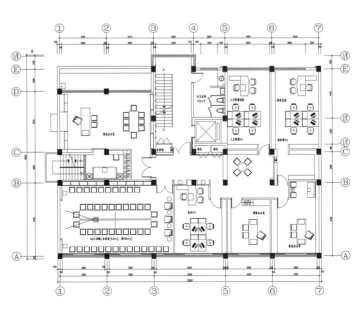

五层平面布置图

09

10

09 大厅结构
10 高层会议室
11-12 会议室

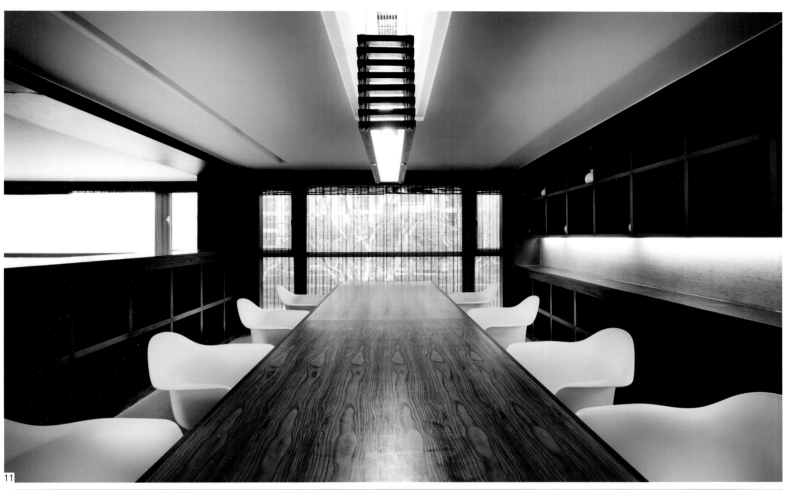

11

12

01 02

JIMU BUILDING CREATIVE WORKSHOP
积木工程创作坊

设计单位　尺道设计团队、积木（JIMU）工程团队
项目地点　广东 肇庆
项目面积　160平方米
完成时间　2012年8月

　　本案以"森林里的派对"为主题，每天在大自然中工作，与小鸟、蚂蚁、鱼群等一系列自然生物共事，乐于其中。派对式的工作状态，引领一种全新的工作模式。内部空间采用生态元素作为主材，清水混凝土、粹木压板材、锈铁，以粗犷的材料配搭垂直植物群体，将办公环境重新诠释。

01 小饰物装饰自然空间
02 过道
03 整面漆白墙面装饰的工作区域

04 05

平面布置图

06

07　08

04-05　工作区一角
06　会议室
07-08　休息区

ZHENGMAO PHOTOELECTRIC OFFICE

正茂光电办公室

设计单位　深圳王五平设计机构
主持设计　王五平
项目地点　广东 深圳
项目面积　2,000平方米
完成时间　2012年2月

　　粗旷的鹅卵石、原质的红砖墙、光洁的环氧地坪漆、裸露的天花管道，这一切无不在强调着本案的一个诉求：环保。环保的设计理念和不失创意的设计思路，在本案彰显得淋漓尽致。

　　在一楼的接待厅里，没有规划太多的功能区域，只为作接待展示而用。天花采用光纤灯装饰，两侧墙体的上半部分有序地排列了不规则的方形透光孔，为的是表现光的另外一种美。中空的下墙体部分则呼应二楼的红砖墙饰面，以表达砖墙原质原味的感觉，加上壁灯氛围的营造，整个空间意韵深长。背景则采用公司logo元素，简

洁而富有意义。

　　楼梯下面设计了一个景观，天花采用红色的造型装饰，下方大理石、鹅卵石、木板三种材料的关系的处理，丰富而又有情趣。

　　二楼是本案设计的重点，除了功能布局要求合理之外，在创作手法上也要多变求新，如楼梯口和接洽区设计成两个圆形，合在一起构成一个"8"字。两侧开放式的办公区，通过屏风隔断形成相对独立的一个个空间，同时也弱化了周边几个支撑大柱造成的视觉压力。

　　会议室旁边的过道设计也是本案设计的一个

亮点，保留下来的大柱子刷成白色，和红砖墙形成鲜明的对比，凹凸有序，加上柱子的壁灯打出来的光束，极具空间的灵动性和美感。

01 一楼接待展示厅
02 大堂顶部造型
03 二楼不同的空间造型区分功能区
04 过道
05 墙面壁灯

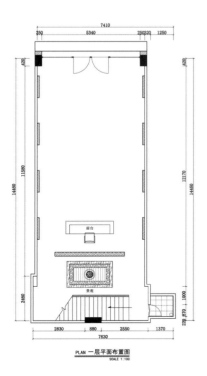

PLAN 一层平面布置图
SCALE 1:100

06 圆形围合的半开放式交流区
07 休闲会谈区
08 会议室

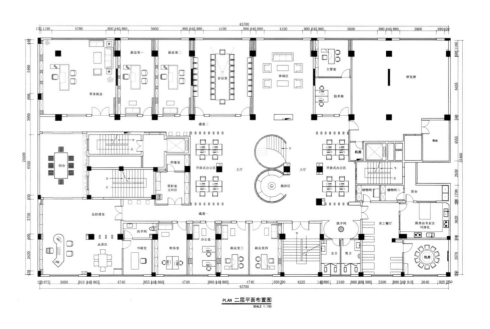

PLAN 二层平面布置图
SCALE 1:100

09 木质的书架上摆设着各种收藏品
10 大厅展览区保留了原砖墙的肌理
11 会客区
12 楼梯结构
13 收藏品展示区局部
14 "8"字形的电梯口和接洽区
15 大面积的玻璃结构有利于很好地采光

14

15

01 02

XU JIAN GUO
INTERIOR DESIGN OFFICE
许建国设计工作室

设计单位　合肥许建国建筑室内装饰设计有限公司
主持设计　许建国
参与设计　陈涛、欧阳坤、程迎亚
项目地点　安徽 合肥
项目面积　130平方米

　　本案是设计师本人的工作室，设计着重营造轻松自然的工作环境，寻找真正适合设计师工作的空间氛围。此案设计注重以人为本，设计师将自己的喜好、思想、理念全部灌注在这个不过100多平方米的空间内。在这里，既可以看到简约风格的现代家居，也可以看到古韵十足的明式家居，同时还能见到许多设计师搜罗来的特别物件——从废弃修车厂找来的烂铁皮、旧房子上拆下来的木门、路边淘来的石头马槽都成了空间的

一部分。旧物与现代器物充分结合，这些别人眼中已经失去价值的东西，在设计师的手中重新获得了生机，也为工作室增添了与众不同的趣味。

　　"设计一定要有故事，不能只有装饰。"有故事就有了生命，有了生命，设计就不再是冰冷而不近人情的存在，而是生活的一部分。在这间工作室里，跟随了设计师许多年的相机在讲述一个设计师曾经历的故事；度过了漫长光阴的老木雕在讲述自己所经历的故事；而设计师亲自设计

的灯具则在讲述它被人赋予的故事——他称这个造型别致的灯具为"愤怒的小鸟"，朝向不同方向的小灯就像停在树枝上的小鸟一样充满了自然的生机。在这里，空间的舒适性与功能性、观赏性得到了完美结合，从而以小见大，使得在此办公的人员在忙碌的工作中寻找到丝丝的放松与惬意！

01-02 入口处禅意十足的装饰品
03 轻松的办公区域

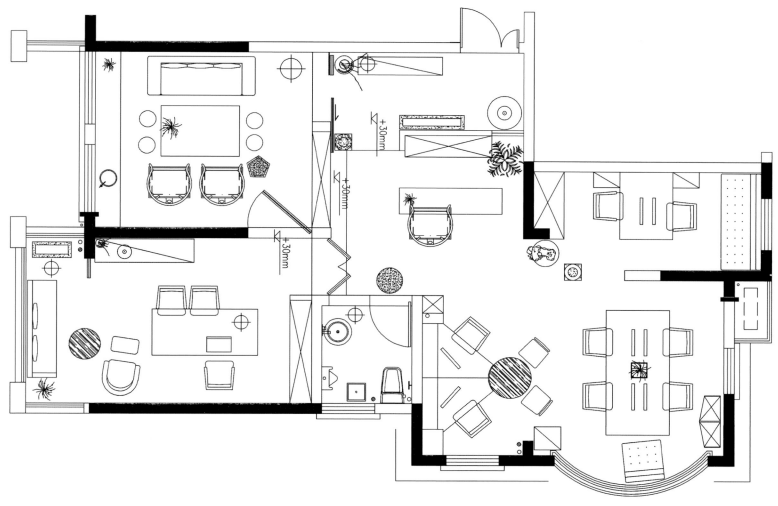

平面布置图

04-05 古韵十足的明式家居   08 工作区
06 朝向不同方向的吊灯被设计师称为"愤怒的小鸟"   09 旧房子上拆下来的木门用在了此空间
07 装有壁炉的休息区   10 工作室

08

09 10

01 02

YS STUDIO
YS工作室

设计单位	汤建松设计顾问（厦门）有限公司
主持设计	汤建松、张雅书
参与设计	林龙杰、许毅坚、吴志江、吴日英
项目地点	福建 厦门
项目面积	100平方米

设计师用简明的框架结构，将宣纸般的白墙描绘成封面，在清澈的明镜里，交互的刨花隔断棱角张扬，而轻柔的白纱轻轻飘起。只有那传世的青花，隐在边缘里，自顾自美丽。

项目在材料上选用了奥松板与明镜。奥松板材料环保、硬度大、承重性能极好，且价格低廉，本案所有木制部分均为奥松板，板材除了基本的切割拼接，其外表面只用最简单的木蜡油涂抹。奥松板表面部分有细微坑洞，油料涂抹一方面能解决这些问题，另一方面，作为办公桌面，油料能增加耐磨性、光滑度及光亮度。

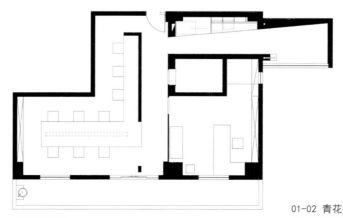

平面布置图

01-02 青花瓷花纹丰富了接待台面视觉感
03 简单的框架结构前台

03

04-05 过道的镜面延伸了视觉
06-07 过道的墙面材料选用了价格低廉的奥松板
08 前台一侧

06 07

08

01

HEFENG DESIGN OFFICE
和丰办公室

设计单位　汤建松设计顾问（厦门）有限公司
主持设计　汤建松
参与设计　林龙杰、许毅坚、吴志江、吴日英
项目地点　福建 厦门
项目面积　230平方米

古香古色的材质穿梭于白色的空间内，丰富了空间结构的弹性，使人在视觉上感受到空间立体的真实存在。古老而经典的色彩，让人觉得宁静、惬意，在白色玻璃灯的光芒下映射出时尚的光泽，古典和现代气息形成的强烈反差，错综交杂，却又不失空间协调感。

01 古色古香的木、石材质
02-03 深沉的色调营造宁静、惬意的空间氛围

平面布置图

04 公共展示区域
05-06 木质结构的过道
07-08 框架结构的大厅

05 06
07 08

01 02

SIMON CHONG DESIGN OFFICE
SCD香港郑树芬设计事务所办公室

设计单位　SCD香港郑树芬设计事务所
主持设计　郑树芬
项目地点　香港
项目面积　250平方米

　　郑树芬设计事务所的每一个办公室都风格相仿，但又各具特色，有着"和而不同"理念。郑树芬先生的设计作品无论户型大小，都非常讲究"平衡"二字，比如"硬、软、暖"的相互结合。

　　软装的搭配是设计的亮点之一，来自郑先生从世界各地旅行带回来的收藏艺术品、古玩、字画、雕塑等，琳琅满目却又和谐自然，不仅给办公室带来了轻松愉悦，同样也是设计师创作灵感的来源。

01 石面圆桌和圆凳
02 东方古典韵味的台柜
03 办公室入口
04 入口处的桌椅和艺术品布置

03

04

05 05

07

05-07 公共办公区域
08-09 过道处休息区布置
10 电梯间
11 饮水间

12

13

12 小型会议室
13-15 独立办公区局部

中 国 室 内 设 计 集 成

2 0 1 3 中 国 室 内 设 计 集 成
CHINESE INTERIOR DESIGN COLLECTION

「商业展示」
BUSINESS DISPLAY

01

YIFINI EXHITBITION
易菲展馆

设计单位　汉诺森设计机构
主持设计　王文亮
项目地点　广东 深圳
项目面积　600平方米

　　项目在色彩上选用自然米白，纯净而柔美。馆体宏大绵延，材质轻盈温和，通过将人们习以为常的传统物料巧妙重组，形成非常独特的建筑"皮肤"，形成令人过目不忘的视觉特征，借以重新唤起人们对"通常"这一习惯的思考与颠覆，从而达到与企业品牌文化所传递的精神理念的高度契合。

01 展馆中央绿色的植物带给人清新舒适感
02-03 商品展示
04 展示区以黑、白为主色
05-08 一次性水杯堆叠成的概念墙

02 03

04

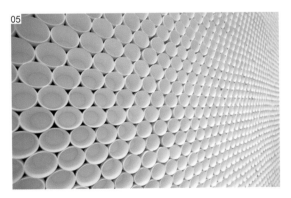

05

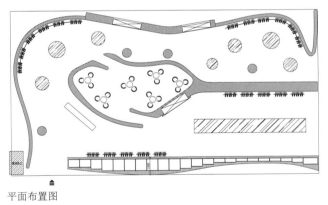

平面布置图

06 07

08

09 展厅借用了宏大绵延的展馆顶结构
10-11 蜿蜒的曲线展厅结构
12 纸质的球形吊灯增加了轻盈温和的空间感受

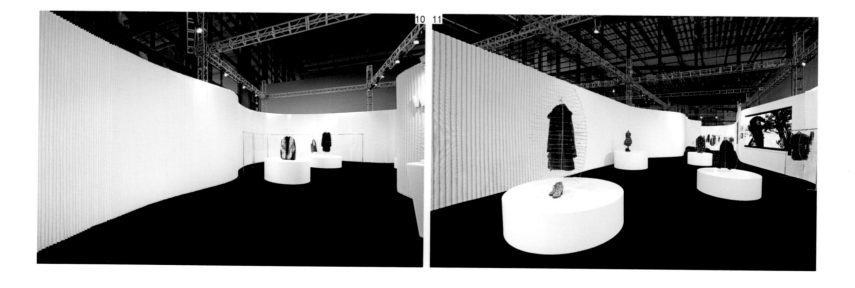

01

CHINA MERCHANTS BANK HERITAGE CENTER

招商银行行史陈列馆

设计单位　　汉诺森设计机构
主持设计　　王文亮
项目地点　　广东 深圳
项目面积　　750平方米
摄　　影　　汉诺森设计机构

　　展现招商银行历史的展览馆，其目的不是遵循旧规，而是展望前沿，步入未来。在这个无任何装修痕迹的多媒体展览馆中，大气简练兼具人性化的国际化空间，与全程自动引导和互动体验的多媒体概念，切实体现出招行前沿进步的精神。

　　在展览馆内部的空间设计上，设计师为了将展览馆内有限的长条形空间演变为开阔的展览空间，采用了环绕流线型的设计形态，包容和回避了馆内所有承重结构，而此流线墙面也得以成全了全球唯一的、也是最长的环形无缝感应投影幕。

　　在空间互动的设计上，设计师注重的不是自言自语的单向传播，而是一场与观展者的积极

对话，一次对中国银行业革新者从了解、理解、到思考的金融征途。汉诺森根据来宾的身份特质来来设计人机互动体验：红外感应墙、真人全息屏、多点触控屏……通过"您"来触发故事，进行"私人对话"，将招行"因您而变"的核心精神切实再现在多媒体展览馆之中。

　　在互动装置的设计上，设计师根据VIP和参观团的不同观展需求，灵活设定了信息展现的丰富程度。多媒体展览馆内设置了"快速讲解模式"和"细致体验模式"两个不同丰富层面的展示层次。以"黑色感应环形幕"做为"快速讲解模式"贯穿全馆，讲述招行最主要的发展故事主线。同时，多个"互动多媒体体验点"作为各主题区域的亮点，承载支系庞杂的、可深层了解的

信息，供来宾自主体验。

　　设计师在多媒体展览馆内采用可无限更新的CMS数据库系统，支持所有标准化的设计界面。在多媒体展览馆的互动装置完成后，仍可由客户自己实时更新上传新的信息，达成一个具有信息开放功能的现代多媒体数字展览馆。

02

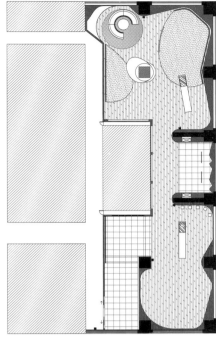

平面布置图

01 环绕流线型的展厅结构
02 LOGO
03 凹凸拼贴的世界地图
04 多媒体概念的展示区

05

05 展厅内的休息区
06-07 展示柜
08 可互动的红外感应墙
09 展厅局部

06 07

08

09

01

ITALIAN GENIUS NOW-
HOME SWEET HOME

"意式奇才–甜蜜的家" 主题展厅

设计单位　阔合国际有限公司
主持设计　林琼然
项目地点　台湾 台中
项目面积　686平方米
摄　影　深蓝摄影

　　家，在意大利的观念里是孵化完美事物的开端。意大利2015世博海外宣传巡回展以"甜蜜的家"为主题，表达着欢迎入内的愉悦，同时也宣示着空间的私人化。

　　"简单的设计，创造无尽的想象"是展厅设计的主题，展厅以家最自然的原型去组构，由简入简的空间塑造思维呈现了一个多重角度的空间，直接呼应展览的主题，并延续了人的视野。设计把家的概念简化为框线与切面，透过那一幅

幅来自远方的画面与一件件物品，人们在倒下的瓦堆里看到了旧文明的瓦解，体会当代文化与艺术。

　　建筑在态度上展现了最大包容性的气氛与感受，由框线、切面交错组成的众人之家，试图打破旧有的空间界线，整体的墙面对比木质框架，倒下的旧屋顶对比新构的城市，蓝天的蓝对比着旧场域内的黑，呈现可里可外、忽明忽暗、或新或旧的设计观感。过道、巷弄与屋瓦间好似有一

个个不同的甜蜜的家庭故事，人们在这空间里去思考生活的意义与未来，并感受设计创意与当代艺术的能量，生命是多样的，而人生，是自由而甜蜜的。

01 以"家"为原型的框线组合
02-03 家的概念被简化为框线和切面
04 展厅入口

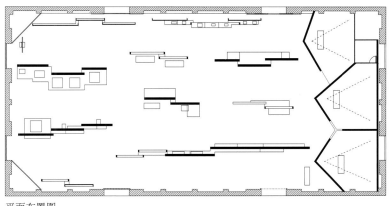

平面布置图

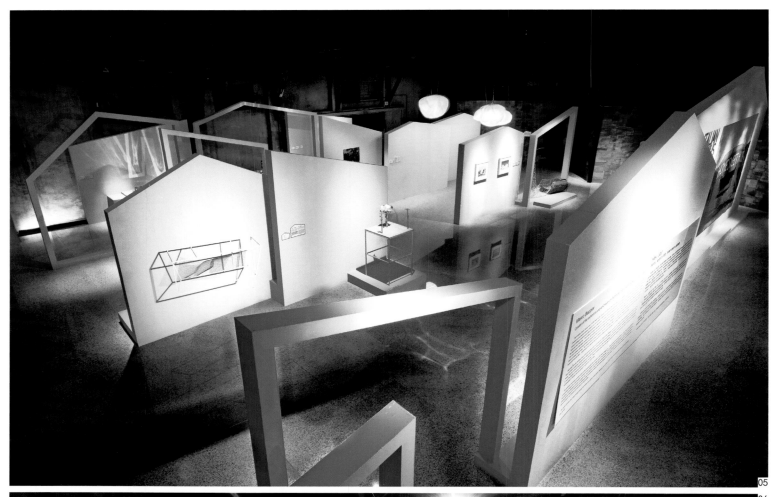

05

06

10

11

10-11 展示内景
12-13 展示局部

01 02

XINCHENG REAL ESTATE BRANDING CENTER

新城地产品牌中心

设计单位　　上海塞赫建筑咨询有限公司
设 计 师　　王士稣、柯津宇
建筑面积　　约1800平方米
完成时间　　2012年

新城地产品牌中心的主要功能是希望通过馆内的展示内容让参观者能够对新城地产的品牌、历史、理念、项目、技术有更深入的了解以及体验。

空间设计的出发点是希望将品牌中兴塑造成一个叙述新城故事的载体，让参观者能够享受一个流畅、立体的体验过程。我们利用"纸张"的概念，将馆内的墙体转化成描述新城故事的纸面，承载展示内容的白色纸张在空间内延伸、扭曲、转折，并将长条形的原有空间分隔成富有比例变化的各个展示区块。各个空间区块依照不同

的展示内容而收缩或者放大，让整个参观体验有更加丰富的空间层次感。展馆内利用了各种不同的多媒体展示手段来丰富访客的参观体验，将展示内容以更加直观的方式呈现，并让来访者更有参与感。

整体的材质搭配非常简洁，主要以白色肌理的墙纸作为贯穿的主题，并搭配深色的胡桃木空间背景，体现较强的对比感。发光的墙体边缘让纸张的概念更加立体，并更好地提升了空间的灯光层次。

01 入口
02 大厅一侧
03 折叠造型的接待前台
04 楼道

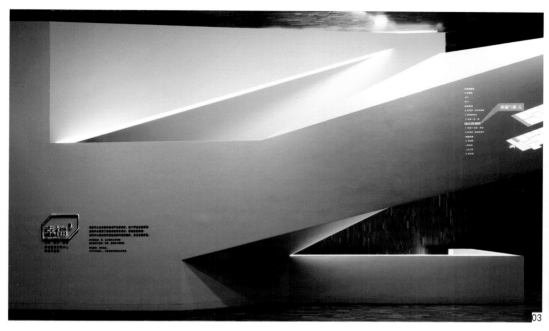

03 04

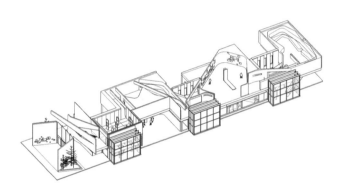

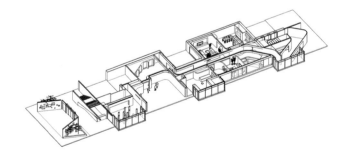

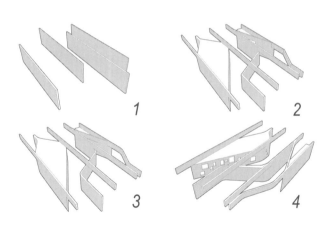

1　　　　2

3　　　　4

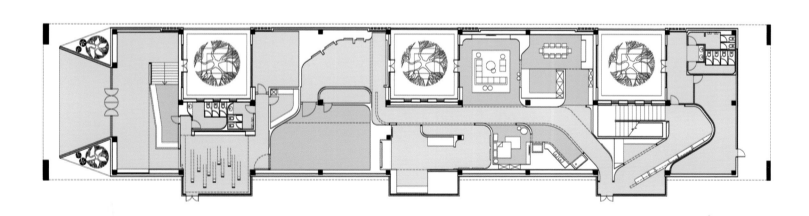

05-07 标识的主题墙
08 公司介绍展示墙
09 展示区
10 陈列区

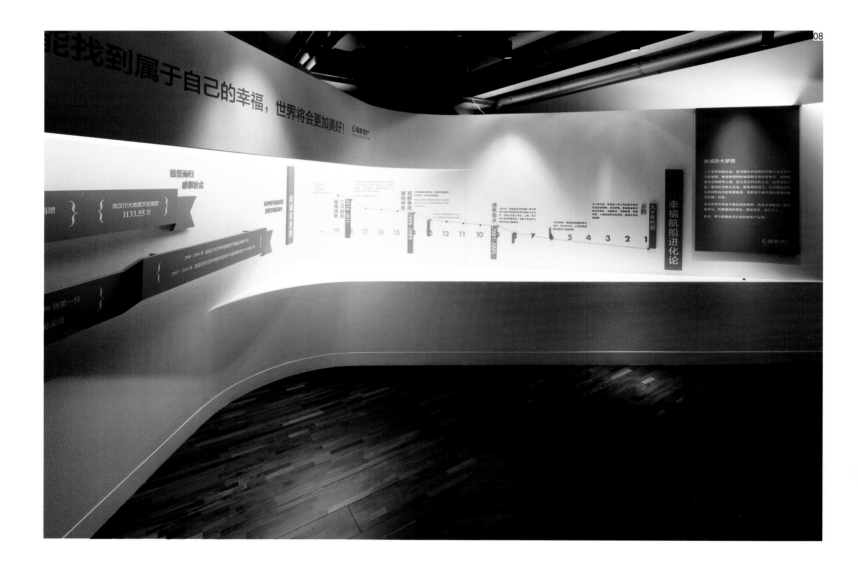

09

10

11
12
13
14

15　16

11-13　多媒体展示区
14　柱形结构的展示区
15-16　楼道及过道结构
17　出口临时休息区

17

01

FUTIAN ELECTRIC PRODUCT EXHIBITION

福田电器产品展示接待中心

设计单位　广州道胜装饰设计有限公司
主持设计　何永明
项目地点　广东 佛山
项目面积　700平方米
主要材料　电脑喷画、灰色地板毡、乳胶漆

本方案是广东福田电器有限公司的一个客户接待中心，其空间同时具有展览产品的功能。福田电器是一家专业研发、生产和销售建筑电气产品的企业，公司的企业使命是为客户提供安全、环保、先进的用电方式，这也是本方案的设计主题——绿色未来。

为了向人们生动地展示公司的历程，设计师故意将入口设计得比较窄小，再通过造型曲折的过道引导人们到达豁然开朗的新产品展示区，让人们立体地感受到公司的成长过程，别有一番趣味。

一进门就是公司的形象墙，在这里设计师利用多媒体向人们展示公司的产品，介绍公司性质。接下来是一个历史长廊，这里分两面来向大家展示公司的发展历程，一面是以动态的多媒体视频播放的形式来展示，另一面是以静态的文字来表达，用这种动静结合的形式叙述着公司的种种经历与发展过程，让客户自主地选择自己喜欢的方式来了解公司。历史长廊的灯光设计是设计师给大家的一个灯光叙述。

走过长廊到达的就是开阔的产品展示区，这里选用了福田公司的主色调——绿色来进行空间的点缀设计。设计师利用了建筑本身的柱子作为创意，设计了以线条围合成的蘑菇形状的两个独立小展厅，独特的造型成为了这个接待中心的一道亮丽风景线，更增加了空间的趣味性。同样，

在灯光设计上设计师独具匠心，在线条底部和里面的展柜内都布置了灯光，形成的光影效果极佳，是一个具有展览产品功能，同时本身也具有展示效果的多重空间，也进一步向客户展示福田公司的灯光产品的使用效果，是一个很好的广告宣传手段。

接下来是照明类的展示区，在这里设计师利用几何造型的展柜，形成了一个异形的空间，利用凹凸位置设置公司的LED照明产品，以科技的手段来体现绿色环保，更是形象立体地向人们展示着设计的主题——绿色未来。

02

01 照明展示区几何造型的展柜
02 线条围合成蘑菇形状的两个商品展示区
03 公司形象墙

03

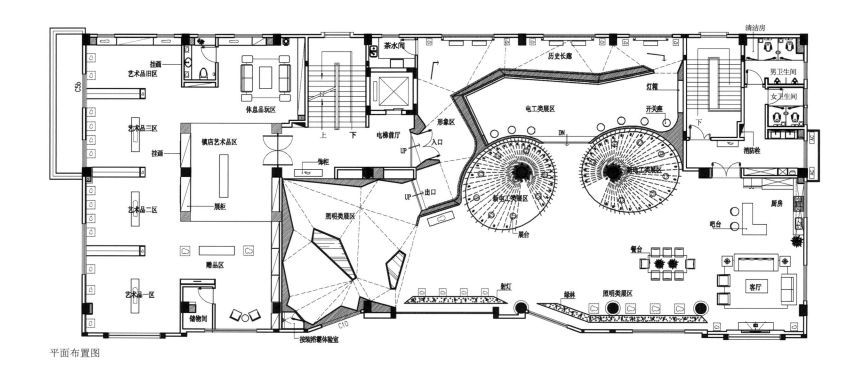

平面布置图

04 05

01

INDESIGN EXHIBITION CENTER
INDESIGN媒体集团展示空间

设计单位　上海加十国际设计机构
主持设计　彭武、王飞
项目地点　上海
项目面积　140平方米
完成时间　2012年

　　光线、反射和连接一起"合成"了indesign媒体集团位于上海新国际博览中心W3展馆的展示空间。尽管只是一个临时性的展台，占地140平方米的展位仍要求有清晰的定位，在众多的展示空间里能体现出传媒的特殊识别性，并通过当代性的设计语言清晰传达设计媒体独有的价值使命。

　　"合成透明性"是展位的设计概念原点。一方一圆两个半透明的光墙构建了空间。光墙采用模块化展示系统构建，可以做到最简洁的细部，同时支持最快速的搭建。铝管和不锈钢节点是这个展示系统最基本的构件，构件扩展延伸形成轻盈的框架体量。精细的胶绳用来在框架上挂住半透明胶片，整个系统精确巧妙地隐藏着自己，而呈现出基本的几何体量。半透明胶片的喷印设计结合了indesign媒体集团的logo设计，不同色系

的封面和活动照片按照logo字体成组布置，拼接成为大型的INDESIGN字体。体量内部，半透明胶片后面，和喷印的彩色字体形状对应的位置，放置同样组成字体形状的灯管。从外到里，在这个系统里所有的元素，无论是光线还是色彩，完全投射在两个基本的几何体量上，让这些元素在半透明界质上彼此融合，层次渐进，空间逐渐呈现。"合成"决定了这个设计过程，色彩以图片的方式喷印在半透明的胶片上，胶片按照标准模数，通过精心设计的节点挂接在银色铝支架上，灯光装置隐藏在透明胶片的后面。色彩的跳跃，光线的渐变，最终在视觉上呈现的是一个合成构造的半透明光墙，它精确又模糊，纯粹也丰富。

　　C形光墙围合的空间里，一个由司空见惯的日光灯管搭建的光装置点亮了整个展位。日光灯管装在透明的亚克力管里，亚克力管的两端，通

过纤细的钢丝拉紧形成一个自支撑的张拉整体结构。Tensgrity是天才的建筑师、发明家富勒独创的一个词汇，是指张力和完整的合成，指张力完整收缩的状态。理论上这个张拉体系只需要一定数量的刚性杆和柔性索就可以形成独立的空间结构。所以当亚克力管和钢丝互相缠绕拉紧，光塔立起，镶嵌其中的灯管接通电源的那一刻，顿时整个展示空间被点亮，光线在致密的钢丝和透明的亚克力管之间穿梭、辐射，光塔下面放置的镜子进一步反射，延伸着光线到更远的层次。毫无疑问，这是一个完全基于技术美学的装置，它所呈现的却是最艺术的方式。光塔所呈现的力学极限和光墙的纯粹体量对比、呼应，共同合成了半透明的indesign展示空间。

01 展厅内的交流区
02 轻型模块化展架
03-06 日光灯管搭建的光装置

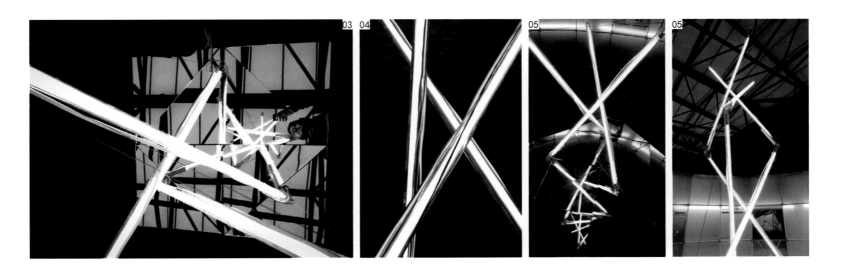

空间模型图

07 展厅空间结构
08-09 C形光墙围合成的展示墙

08

09

01 02

MORE&LESS FURNITURE
SHANGHAI M50 STORE

"多少家具"上海M50旗舰店

设 计 师　王善祥 上海木码设计机构
参与设计　龚双艳
项目地点　上海
项目面积　208平方米

"多少家具"是由著名家具设计师侯正光先生创办的品牌，主要设计、生产和销售具有当代中国文人色彩的原创家具及家居用品，以实木居多，这是其旗舰店。店址在上海最著名的创意产业园莫干山路的M50园区院内，店面坐落于一层，在一个较深的小弄堂里。店铺原为厂房，又曾住过设计公司、画廊等，内部保留了当初厂房的混凝土框架。如何让店铺做到容易被发现并有着较强的视觉识别特征，是业主的第一要求；空间不能抢夺展品的风头，还要容易更换布局和家具组合，是业主的第二要求；造价要尽量低，是业主的第三要求。

一提到家，人们往往首先想到的是一个有着坡屋顶的小房子，这是一个非常概念化的家的样子，也许是从幼儿时代就被老师或卡通画影响的缘故吧。即使是今天都市里的别墅豪宅，其最显著的特征也就是有一个单独的坡屋顶。另

外，"多少家具"有一句广告语：小隐于宅，为这句话配的标志也是一个很具有绘画感的小房子图形。于是，在长方形店铺平面里嵌入两个小房子形的"家"，构成了空间的主要趣味。第一个"家"布置在入口，一部分由门头伸出500mm，在弄堂口一眼便可望见，十分醒目。第二个"家"布置在店铺的最内部。一前一后，一大一小。尺度不只是抢眼，而且经过推敲，控制在与人身高最贴切的分寸，有一定的亲和感。小房子粉刷成白色，也即是没了颜色，以烘托家具。同时白色在灰色调为主的园区内也比较出挑。展厅内部空间高度4米，柱子和顶均保留了当年厂房的混凝土毛坯状态，后来使用者刷过的涂料被半铲半留，造成一种不新不旧的灰色调效果。大部分墙面贴了干草色的草编墙纸，柔化了混凝土的冷硬。又加入了两组似透非透的竹帘，使空间隔断产生了另一个虚的层次。

03

01-02 展厅外墙及入口
03 以"家"为概念形象的入口
04-06 展厅内部

04

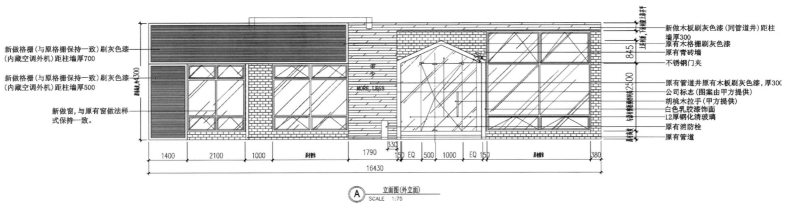

新做格栅(与原格栅保持一致)刷灰色漆
(内藏空调外机)距柱墙厚700

新做格栅(与原格栅保持一致)刷灰色漆
(内藏空调外机)距柱墙厚500

新做窗,与原有窗做法样
式保持一致。

新做木板刷灰色漆(同管道井)距柱
墙厚300
原有木格栅刷灰色漆
原有青砖墙
不锈钢门夹
原有管道井原有木板刷灰色漆,厚300
公司标志(图案由甲方提供)
胡桃木拉手(甲方提供)
白色乳胶漆饰面
12厚钢化清玻璃
原有消防栓
原有管道

1400　2100　1000　　　　1790　330　150 EQ 500 1000 EQ 150　　　　　380
16430

Ⓐ　立面图(外立面)
SCALE 1:75

05

06

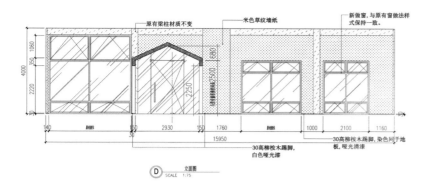

原有梁柱材质不变　　米色草纹墙纸　　新做窗，与原有窗做法样式保持一致。

30高柳桉木踢脚，
白色哑光漆

30高柳桉木踢脚，染色同于地板，哑光清漆

D 立面图
SCALE 1:75

07

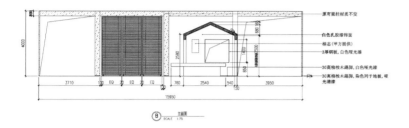

原有梁柱材质不变

白色乳胶漆饰面
标志（甲方提供）
3厚钢板，白色哑光漆
30高柳桉木踢脚，白色哑光漆
30高柳桉木踢脚，染色同于地板，哑光清漆

B 立面图
SCALE 1:75

05 展厅内的第一个"家"
06 展厅内的第二个"家"
07 似透非透的竹帘使空间隔断产生了另一个虚的层次
08 步移景异的门窗洞口

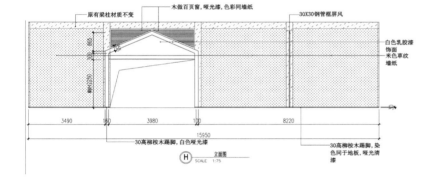

原有梁柱材质不变　　木做百页窗，哑光漆，色彩同墙纸　　30X30钢管框屏风

白色乳胶漆
饰面
米色草纹
墙纸

30高柳桉木踢脚，白色哑光漆

30高柳桉木踢脚，染色同于地板，哑光清漆

H 立面图
SCALE 1:75

储藏间

相邻店铺

展厅

夹层平面图

相邻店铺

展厅

相邻店铺

展厅

门厅

入口

街　　巷

08

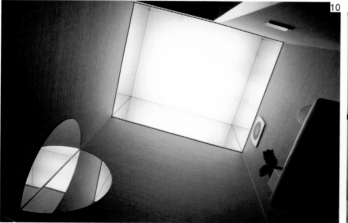

09 展厅内以家为概念的白色的小房子构成了空间的主要趣味

10 卫生间细部

11 以"多"、"少"为概念的家具设计

12-13 展厅卧室

12

13

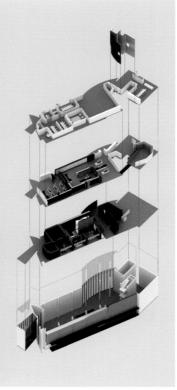

01

FOTILE KITCHEN APPLIANCE STORES

方太桃江路8号厨电馆

设计单位　吕永中设计咨询有限公司
主持设计　吕永中
参与设计　区润宇、席佳、尹秀敏
项目地点　上海
项目面积　2,400平方米汉

本案位于上海市徐汇区桃江路8号，临近衡山路，是个闹中取静的黄金地段，总面积约为2,400平方米。定位是打造高端的复合功能展示平台，展馆内拥有展示、体验、互动、交流等多种的功能。

在精致典雅的梧桐街区设计满足厨具产品文化体验的空间，结合地域环境特色，并能体现方太企业文化的诉求，这是空间设计的核心。

展馆由两座相连的三层建筑改造而成，原建筑的沿街立面之间前后略有错落。设计采用了大面积的金属穿孔网板材料，因势利导将两栋建筑完全的裹覆，使展馆形成了统一而富有节奏变化的整体。灰色金属网板的表面利用冲孔大小的变化关系，抽象构成了树叶的形态，进退层次中透出网孔背后的绿色底层。沿着街道看过去，路边高大的梧桐树仿佛在建筑立面上拉出了长长的投影，建筑得以悄然融入到绿色的街区中。

主入口位于建筑的中段，设计师在主入口左侧增建垂直交通空间，将平面功能一份为二，使得内部空间布局更为清晰而周密：一层为厨房展示区和体验区，二层为橱柜展示区与美食学校，三层是临展区和VIP私厨汇。室内交通组织在大空间布局的基础上相对比较迂回：在一楼的展示区，参观者在曲折环绕、百转千回之中有序前行。借鉴了园林式布局的手法，既延长了展示路线，扩大了空间的使用范围，又增强了参观的体验性和互动性。同时也与方太企业在发展之中不断探索前行的理念相契合。

一层的整体氛围以沉稳、静逸为主，内部灯光都集中聚焦在墙面上的实物展品上，所有的展品都巧妙地放置于的画框当中垂直于墙面，这种独特的展示方式一方面凸显出对展品的尊重，另外也营造出一种艺术画廊的优雅氛围。

三层高的挑空中庭，中庭内部有二楼的一

02

03

01 改造后建筑沿街立面
02 LOGO外墙面
03 进口过道
04 一层厨电展示区

条空中走廊水平穿越，外部的自然光通过立面垂直、错落有致的木格栅散落在中庭的内部，戏剧化的明暗处理使高耸的中庭如同一个"光的圣殿"，高大而密集的木格栅墙面则喻意着"众人拾柴火焰高"旺盛的精神，感受到先抑后扬的巨大上升气场。

二层的明快轻盈和一楼形成对比，橱柜展区的有序与简洁、美食学校的开放和舒展使得空间增添了更多参与的乐趣。三楼除了精致典雅的VIP私厨之外还特意设置了一片临时展区，结合桃江路的地理文化优势，可以满足品牌举办各种主题活动的需要。

该设计融合了金属的明快与冷峻、石材的厚重，体现了更多的力量感，低沉、稳重的调子与企业探索发展的趋势相吻合。细节中的生态小花园、水池、木质格栅等多种材质的搭配点缀，又与中国五行元素的概念不谋而合，自然光由上而下贯穿室内，让空间颇具灵性。

04

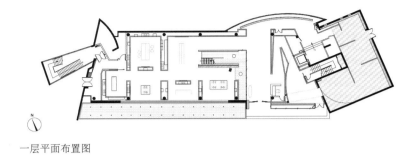

一层平面布置图

二层平面布置图

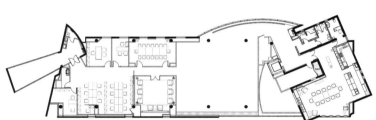

三层平面布置图

05 垂直交通空间
06 绿色植被覆盖的楼梯
07-08 产品展厅区
09-11 大块显示屏制造戏剧化的效果

12

12 自然光通过错落有致的木格栅散落在中庭
13 二楼简洁有序的橱柜展区
14 开放的美食学校空间

13

14

15-16 高耸的中庭如同一个"光的圣殿"
17 三楼精致典雅的VIP私厨
18 静逸的空间一角

17

18

01

TP STORE
TP国际名品店

设计单位	福州林开新室内设计有限公司
主持设计	林开新
参与设计	余花
项目地点	福建 福州
项目面积	600平方米
完工时间	2012年4月

人们说：好的衣服就是艺术品，它不仅穿在身上星光熠熠，也必须得像艺术品那样在橱窗里精心地陈列，等待着慧眼识珠的买者。有时候，空间的品质，甚至决定了艺术品的价值。

上层社会引领着潮流，也引领着潮流的呈现方式。上层社会的名店，不仅仅是富人购物的平台，也是他们形象象征的衍生服务，这也就是为什么香榭丽舍大街上，那些在橱窗外观望的人远远比踏足进店的人多的商铺，却依旧声名赫赫、屹立不倒的原因。

位于五一路的TP国际名品服饰会员制场所也许会让我们联想起曼哈顿第五大道或者东京银座的购物氛围。空旷、简单、大气，却处处精致，没有金碧辉煌的修饰，充分突显了刻意强调的功能。沿袭了设计师一贯的干净利索的风格，在完全通透的空间里，设计师运用最基本的金属色、绿色、白色，奠定了大气、稳重、典雅的基调，大块大理石纹理地砖将这种气质衬托得更加

鲜明。服装展示区依墙而设，以墙体进深及附墙柱为间隔，中间为饰品展示柜，整个空间宽敞开阔，转身环顾，或清爽或浓酽的服饰，色彩轻舞飞扬，仿佛酝酿着一场光芒闪耀的华衣舞会。

设计师独具匠心地将其中两面背景墙打造成为鞋包及饰品的陈列柜。展示方格子或错落有致地演绎绿与白的颜色交互，或整齐排列地一白如洗，本来容易被忽视的角落反而成为了空间里的亮点，方格中仿佛回荡起伏着一种旋律。不仅前卫，而且层次的间隔更淡化了空间的匠气，使普通的功能区化身为一出别致的小品。

大厅后面则是一开放一封闭的两个休闲区。在开放式的休息区中，两组白色的欧式轻质沙发依墙而设，背景墙则被贴上象征森林植被的绿色植物。在静谧中愉悦感官，如此的素雅布局，正契合了低碳生活的休闲姿态。这样的空间总是有一种淡然的姿态打动人，那种淡然不浓郁却沁人心脾。

02

01 开放式的休闲区
02 橱窗一景
03 宽敞开阔的服装展示区
04 收银台
05-06 试衣间

07 收银台
08-09 线条感十足的展示区干净利索
10-11 大块大理石纹理地砖衬托了大气典雅的基调
12 休闲区背景墙采用了象征森林植被的绿色植物

13 14
15 16

13-14 饰品陈列
15-16 鞋包成列
17 封闭式休息区
18 开放式休息区

01 02

THE FASHION DOOR
一尚门概念店

设计单位　深圳市绽放品牌设计顾问有限公司
主持设计　李宝龙(Baoer)
项目地点　广东 广州
项目面积　2,000平方米
完工时间　2012年11月

坐落于广州8090荟潮坊的一尚门旗舰店是一间汇集世界原创潮流品牌和国内新锐设计师创意作品的品牌集成店。在满足空间实用展示功能的前提下，设计师利用不规则、非对称而又灵活的布局，充分发挥现代建筑材料特性，创造出令人耳目一新的视觉效果。

天然溶洞的设计让这里的陈列品呈现出一种未完成的状态，菱形切面材质与整体空间形成强烈的对比。收银台、展台、墙面错落有致的陈列打破了以往长、宽、高的三维空间局限，打造了一个空间与时间构成的四维时空。

入口品牌展览区类似清水混凝土的背景墙，其色彩如同电影帷幕，随着陈列品的变换，播放着不同的故事。

蜂巢状木饰面五角柱体展示架的向心力、凝聚力突出了所陈列的设计品，与周围的展台、灯光相呼应，加上水泥地面的对比，让空间结构和陈列品达到高度和谐。

由饰品、花艺、衣架、自有品牌的装饰画等小细节组成的家居生活空间，让家具展示区的每一件艺术品都有自己的"独立空间"。

设计师通过点线面的排列、曲面与曲线间的重叠这些错综有序的手法，并利用图形拼贴技法，增加空间的肌理变化。水泥、粘土、钢材、原木这些基础材料传达出独特的空间感受。空间内布满各种垂直、倾斜及水平的线所交织而成的形态各异的块与面，在这错综复杂的网络结构中，品牌形象若隐若现。硬装色彩在这里被降到了最低程度，设计师要通过这个简单的色彩凸显空间结构所发射出的张力。

这个独特的购物空间以简约、开放和包容的设计理念，结合几何、立体、直线等元素，突出了每个独立品牌各自的个性和格调。每月更新的设计师主题展示区和休闲惬意的咖啡生活馆，带来别致的消费体验。

01 入口品牌展览区类似清水混凝土的背景墙
02 模特造型区一角
03-04 背景墙的色彩如电影帷幕播放着不同的故事

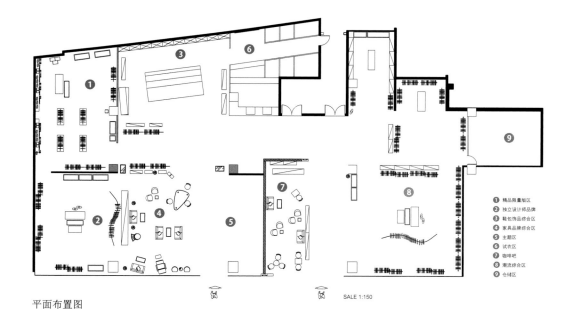

① 精品限量版区
② 独立设计师品牌
③ 鞋包饰品综合区
④ 家具品牌综合区
⑤ 主题区
⑥ 试衣区
⑦ 咖啡吧
⑧ 潮流综合区
⑨ 仓储区

平面布置图   SALE 1:150

08

05 粘土制成的天然溶洞造型的展示区
06-07 折线形的展示架
08 试衣间
09 展示区错综复杂的网络结构

09

10

11

12

13

10 重点展示区蜂巢状的五角柱体展示架
11 家具展示区
12 原创的小饰品形成一个新的家居生活空间
13 错落有致的几何形展台
14 墙面装饰细节
15 展台细部

14 15

01 02

ONE2FREE MEGA STORE

one2free 概念店

设计单位	智设计工房
主持设计	梁显智
项目地点	香港
项目面积	6,000平方米
完成时间	2012年

　　one2free锐意把传统移动通讯零售店转化为社交联系平台，摆脱旧有移动电话选购模式，产品不只局限于商店一贯的挂墙式或其它单调的展示方式，而是让顾客在一个轻松的零售环境下，享受互动移动通讯的新体验，同时获得更快捷的服务。

　　该项目坐落于旺角的中心地带，设计师充分利用店铺高楼层、全落地玻璃外墙等优势，将楼高两层的建筑塑造成一个充满现代Loft风格的零售店。设计承袭现代Loft的基本元素，采用砖墙、黑铁框等物料，搭配整洁且夺目的斜屋顶，制造了一个开放式的空间。Loft概念象征纽约曼哈顿、洛杉矶等大都会城市，是年轻一代追求品味时尚的生活方式，与one2free品牌的形象一致。

　　设计师特意于地下和一楼的斜屋顶设计，装设可转色的LED灯，顾客远远在街道上，透过玻璃外墙已可以感受到灯光制造出的独特氛围。灯光更可按日与夜调至不同色效，以吸引顾客进内。设计既为顾客带来难忘体验，亦令他们驻足，延长在店内逗留时间。

　　店内采用开放式的间隔，设计师将偌大的空间巧妙配置出不同的消闲及体验专区，各式各样的移动产品分布于各区，让客人可在轻松的环境下亲身体验。

　　设计师仿照客厅陈设，制造出舒适的环境，展示柜内的小说与型格摆设为布置生色不少。客人犹如身处家中，可安坐于弧形沙发上观看3D电影，亦可以在设有移动产品装置的坐椅上放松，全情投入极速4GLTE和3D的震撼技术。

03

04

05

01 接待前台
02 可提供茶水服务的展示吧台
03 入口
04 Loft风格的展厅
05 互动电子屏幕展示墙

06

06 斜屋顶设计装设了可转色的LED灯
07 设有移动产品装置及舒适座椅的悠闲展示区

07

08 09
10 11

08-09 黄、绿两色打造出时尚年轻的氛围
10 特色电视墙及导向扩音器
11 楼梯间结构

12 趣味展架
13 仿照客厅陈设的体验区
14 不同灯光下的展厅效果

01 02

FLAGSHIP STORE
OF OFFERMANN IN ASIA

OFFERMANN亚洲旗舰店

设计单位　竹工凡木设计有限公司(CHU–studio)
主持设计　邵唯晏
项目地点　台湾 台北
完工时间　2011年

本案为德国百年精品皮件品OFFERMANN首间位于亚洲的旗舰店。19世纪初，该品牌以为贵族打造旅行皮件起家，擅长于结合功能需求与时尚外形的设计。旗舰店位于台北晶华酒店旁一老建筑的转角上，建筑本身明显斑驳，是建筑前辈在现代主义潮流下的经典作品，强调"建筑，是静止的历史"。尊重和顺应既有建筑基地，彰显德国历史品牌form follow function（形式服从功能）的精神为本案设计的核心价值所在。

空间设计上新旧相融合，以展现百年历史风貌为主脉，利用建筑本身斑驳的纹理为基底，外观采用整面清水砖墙，天花系统采用墨黑色格栅及拱形梁设计，配合H形钢骨及锈蚀铜板，企图重现20世纪80年代德国本斯堡的OFFERMANN总厂风貌。

店内空间则采用明亮开放的挑高设计，以低调优雅的木质色调展现沉稳内敛的超凡品味，以德国经典的包豪斯简约风格为基础，加上后现代解构思维，着力打造新时代OFFERMANN旗舰店。展示柜金属面来自德国，并采用镀钯处理，

以绝佳的抗氧化能力，确保长时间使用后还能维持光泽度，让使用者可以体验极致工艺所造就的隽永质感。

03

01-02 建筑外观采用整面清水砖墙
03 建筑为现代主义潮流下留下的经典作品
04 展厅内用木质色调展现沉稳内敛的品味
05-06 建筑夜景图

07

07 金属质感的地面展示20世纪80年代德国工业风貌
08 天花采用墨黑色格栅及拱形梁结构
09 展厅内景

08

09

01 02

FLAGSHIP STORE OF D'EBORAH IN ASIA

D'eborah 亚洲旗舰店

设计单位　竹工凡木设计研究室(CHU-studio)
主持设计　邵唯晏
参与设计　邵方玙、林予帏、林政卫
项目地点　台湾 台北
项目面积　40平方米

本案为台湾山二集团自创品牌D'eborah在亚洲的第一间旗舰店。本案位于台湾台北中山北路五星级晶华酒店旁，左右两旁紧临Louis Vuitton、Prada、Coach、Basalini等知名品牌店面，可谓精品店的一级战场。近来由日本建筑师Kumiko Inui及Prada专属建筑师Roberto Baciocchi操刀的两间Louis Vuitton及Prada旗舰店强势压境，D'eborah身为精品新秀，压力实在很大。

D'eborah自1988年创立于美国比佛利山庄，坚持以优雅、时尚为基础，打造兼具艺术品味与流行元素的经典皮包。而飞扬的蝴蝶标志，更象征女性在各种场合总是众人目光注视的

焦点，认为最平实的女性也能拥有最璀璨的气质。因此我们在空间的表现上与Louis Vuitton和Prada等品牌恰好相反，设计上不堆砌奢侈感，不强调装饰主义，期望在这重视奢华美学的商圈，能以当代典雅的流线设计和轻装饰的清淡质感脱颖而出。

入口的设计平实简单而不失璀璨。在入口意象部分，为了表现出D'eborah精神，设计师运用一种台湾很普通的本土玻璃砖以45度角搭接，配合明镜及灯光的使用，呈现出独一无二的璀璨质感，同时也暗示了D'eborah最常使用的菱格纹元素。

整个空间及摆设品的设计都以品牌的蝴蝶标

志为设计主轴，在空间的天地、墙壁上舞出许多曲线条，期望透过简洁的流线形给予空间最轻松的舞动感，跳脱出奢华空间的压迫感。

所有的灯具及摆设都是量身订做，通过计算机辅助设计系统(CAD/CAM)创造出一系列仿蝴蝶动态的造型灯具。看似时尚的灯具，是利用最平常的亚克力管组合而成，共计2800根，每根长度都不等。

入口处设计了一系列大型的自由形体展示台面，除摆设主题皮包外，也可以作为投影面板使用，舞动的造型似在述说着时尚巨星Marilyn Monroe飘舞的裙摆，也象征D'eborah强调时尚经典的气质。

01 橱窗外立面的菱格纹造型为D'eborah的经典元素
02 菱格纹细节
03 入口通道
04 流线的蝴蝶翅膀造型传递轻盈感
05 整个空间的设计都以品牌的蝴蝶标志为主轴　　　03

04 05

06

07

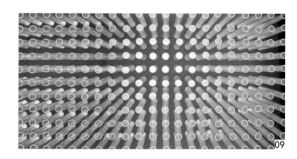

06 清淡优雅的展厅
07 展厅内曲线的应用象征女性的柔美
08 自由形体展示台面
09-11 2800根不同长度的亚克力管组合成的灯具

01 02

HEIRLOOM HANDBAG STORE
艾儿珑上海新天地店

设计单位　Dariel Studio
主持设计　 Thomas Dariel
项目面积　50平方米
完成时间　2012年

　　Heirloom全新的概念零售店位于上海新时尚代表的中心，新天地，意图打造成首家以全系列皮革配饰为主打的品牌零售店。基于Heirloom品牌此前的店铺概念，设计师运用他们的设计天赋，不仅使这个空间延续了其品牌概念，更完成了惊艳的转身。 此次设计反映出超现代的奇幻世界和经典零售空间的现实主义间的完美融合。

　　穿过古典的金属色大门，顾客像是瞬间走进了一个幻想的世界。从接待台延伸出去的黑白条纹相间的大理石地板，通过接待台的反射，为空间创造了一个全新的透视视角。

　　运用具有Art Deco感觉的灰色作为墙面，配以云朵状花边的白色漆框，来展示一系列独特的手袋精品。设计师将Heirloom具有代表性的展示框重新演绎，用云朵状的漆框搭配柔和的象牙白包布衬托出奢华的氛围。独特的室内装饰设计完全为配合这个空间而量身定做。深色的橡木定制挂包架，灵感来源于女士的衣架，不仅是手袋展示的一种创意变化，而且也重新定义了私密的"更衣间"概念。

　　新店的亮点在于隐于空间角落，静静地被金色不锈钢围拢成的一个圆柱型空间，意为独特而私密的闺房。 墙上随意地镶嵌着一个个Heirloom经典的金色网格铆钉，远望像被吹起的金粉散落在墙上，又似繁星点点， 使得这个独特的闺房设计更加优雅梦幻。

　　"店铺设计的潜在概念是重塑一个购物空间，使消费者感觉处于充满现代感却不失优雅的闺房，能够完全沉浸于舒适有趣的购物环境中，以期能暂时远离现实生活的硝烟。"

01 圆柱形的展示空间意为独特而私密的闺房
02 饰品展示柜
03 黑白条纹相间的大理石地板空间创造了一个全新的透视视角

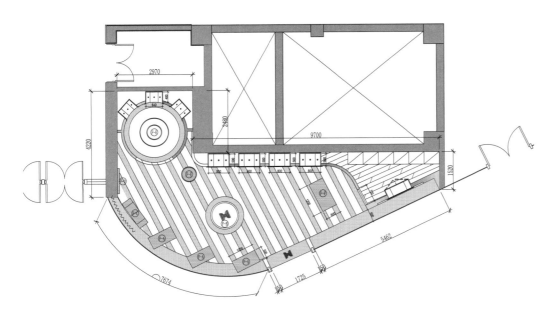

平面布置图

04 简约设计的金属门把手
05 墙上随意镶嵌的金色网格铆钉
06 深色的橡木定制挂包架灵感来源于女士的衣架
07 展示柜细节
08 灰色墙面上配以云朵状花边的白色漆框
09 整体ARTDECO风格的店铺设计

01 02

LORI STORE
LORI生活馆

设计单位　杭州观堂设计
主持设计　张健
参与设计　元立俊
项目地点　浙江 嘉兴
项目面积　1,250平方米
完成时间　2012年7月

LORI是一家精品生活馆，面积1,250平方米，分上下两层。一层销售生活用品，二层销售欧美设计师品牌服装，定位较为高端，目标客户群为有理想、有追求、对生活品质有要求的人群，因此卖场设计上要求有品位、有个性，且包容性强。

针对LORI的外立面条件，设计采用白色菱形模块对其进行整体覆盖，黑色橱窗外突，黑白色系简洁大方，非常引人注目，符合LORI的品牌定位；且菱形模块避免了外立面过于单一的形式，灵动而富有变化。

一楼以生活杂货销售为主，产品包括书籍、护肤品、陶瓷品、抱枕、香薰等，富有生活情趣。卖场设计中以通用货架为主，便于各类产品的陈列调整。在入口处，放置一个大型T台，用于陈列模特及服饰；入口处往里，将大批回收的老式电视机统一刷白，上面扛起一块木板，作为

另类的陈列台，用于展示蜡烛、绿植等小物件；一层通往商场的入口，则设置为环形收银台，便于收银与包装产品；同时吧台附近摆设了CD光碟等产品，便于客人选购试听。

一楼入口处的左侧，设置为一个小型咖啡吧，采用彩色的复古砖铺地，回收门板围就吧台，简单的工业灯从顶部垂下，全透明的落地窗就在身后，营造出一股浓浓的怀旧与轻松氛围。

二楼主要销售欧美设计师品牌服装，男女装都有，产品定位比一楼略微高端，因此根据区域不同，材质上有选择地使用了木地板、大理石、欧式线条等。根据二楼功能的区分（例如男装区、女装区、鞋包区、VIP区等），通过白色圆孔半透隔断，将空间区分成较为自由，又不会过于直露的区域，满足客人隐私的同时，也保障了购物环境的畅通。

03

04

01-02 外立面由白色菱形模块整体覆盖
03 LOGO墙
04 一楼销售生活杂货的展示区
05 回收老电视及木椅刷白后作为另类陈列台
06 入口处的大型T台用于陈列模特和服饰

05

06

07 书籍展展卖区
08-09 通往二楼的楼道
10 二楼橱窗及入口
11-12 男装区

10

11 12

13 二楼鞋包区

14 二楼女装区

15 二楼区域白色圆孔半透的隔断将空间自由划分

16 休息区

17-18 一楼小型咖啡吧

16

17 18

01 02

80 WEDDING ROOM
80印象馆

设计单位	杭州观堂设计
主持设计	张健
项目地点	浙江 杭州
项目面积	1,000平方米
完成时间	2011年10月

　　80印象馆是目前中国最年轻的个性婚纱摄影，时尚、创意、温馨是她的特色，众多客户为能拍摄出与众不同的一生纪念而特意从全国各地跑来杭州寻找她。

　　因此，在设计80印象馆的门店及办公空间的过程中，如何突显80后的时尚与创意变得尤为重要。根据建筑特色——前面为一幢两层平房，后面为一栋四层小高楼，设计师在功能区分上，首先明确了方向，即前面的平房作为门店接待及展示；后面的小高楼作为公司办公场所，以满足工作人员日常所需。

　　浪漫是婚纱摄影的主题，设计中将建筑统一处理成白色，象征纯洁与美好；并运用圆拱元素，如外挑的窗檐、弧形的塔楼、以及楼顶的箭塔，使人仿佛置身于童话般的希腊，徜徉在浪漫的爱情海边，给远道而来的客户瞬间带来温馨美好的期许。

　　室内空间上，设计师选择现代欧式搭配，典

雅端庄却不失年轻活力，简欧的化妆桌，配上闪闪的磨砂灯泡，每一个新娘都宛如公主般出现在聚集的镁光灯下；黑白相间的马赛克瓷砖，亲切温馨；欧式相框统一刷成白色，拼满整个墙面，仿佛甜蜜的回忆；选衣室里，每件洁白的婚纱高贵地单独悬挂，让新人怦然心动。

　　没有太多的奢华，却让温馨浪漫的氛围在不经意中体现，这便是80后的时尚与创意追求！

03

01 建筑统一处理成象征纯洁与美好的白色
02 楼顶的箭塔犹如城堡
03-04 外挑的窗檐
05-06 婚纱陈列区

07

08

07 统一刷白的欧式相框拼满整个墙面
08-09 弧形楼梯结构
10 入口
11 典雅端庄的简欧化妆桌

01

FLAGSHIP STORE
OF *gxg jeans* IN NINGBO

gxg jeans宁波城隍庙旗舰店

设计单位　杭州观堂设计
主持设计　张健
项目地点　浙江 宁波
项目面积　470平方米
完成时间　2011年11月

gxg jeans品牌男装专为都市青年量身定做，强调年轻人多彩的生活姿态。

店铺设计上，着重从服装风格出发，力求营造自然、清新、优雅的风格，追求激情、创新、自我的气质。设计师将店铺的主题定义为"书"，因为年轻的一代，有活力，更有内涵，书，是对生活的追求，对品位的追求。因此，店铺从外立面开始，延伸至橱窗，再到室内，充满书的影子，形式纷呈多变——有白色的书模、有真实的外版书、有书的照片，更有书本图案的墙纸、地面、天花，丰富多彩却不夺人眼球。店铺内整面白色书模墙，浓重地渲染了学院风格，与服装本身的英伦风悄然呼应。

"英伦"是服装的主题，因此在道具及软装的选用上，采用了米字国旗加工定做的方式，量身设计了地毯、休息凳、软榻、装饰箱等，配以学院氛围的店铺，时尚、充满活力的感觉呼之欲出。

设计手法上，设计师撇开单一的表现方式，选用MOD手法。MOD，即英文modification（改变、修改）的缩写，将固有的物品进行修改后演变为新型产品，赋予物品新的理念和内涵。比如大门入口即见的长条展示桌，将椅子与桌子镶嵌连为一体，有破又有立，展示桌上既可摆放衣物，也可站立模特，除出样功能外，它本身也是一件极好的装饰品，与传统的出样方式大相庭

径，更突出gxg jeans品牌特有的创新气质。

不同于一般店铺的收银台只有收款的功能，这里的收银台特意展示为椭圆形开放式吧台，除了收银电脑，还摆放有打碟机器组，客人可以坐在吧凳上，挑选自己喜欢的CD放进机器自我陶醉，更像是年轻人喜欢的酒吧的感觉。

为迎合都市年轻人张扬的性格，在二楼特意打造了一个空间倒置的区域。天、地、墙都印满了书的图案，在这里，原本应该摆放在桌上的台灯跑到了天花板上；应该站在地上的猪跑到了墙上；应该放在墙上的书，却被踩到了脚底，一切都有些混乱，却带给人全新的体验。

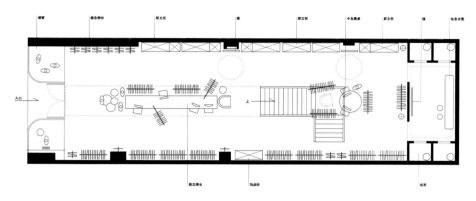

一层平面布置图

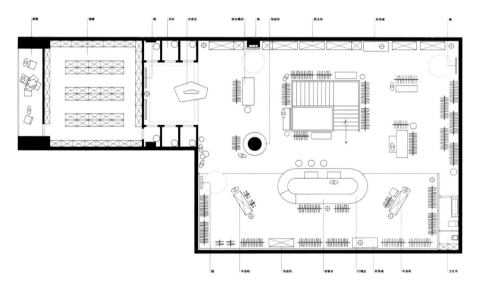

二层平面布置图

03

02

01 入口造型为一本打开的"书"
02 店面外视图
03 橱窗的内墙面及地面采用书作为装饰原色

04 "英伦"是服装的主题
05-06 服饰鞋帽展示台
07-08 简约随意的服饰展示
09-11 年轻时尚的展示风格

09

10 11

12 二楼特意打造的倒置区域
13 收银台兼有休闲的吧台功能
14-15 试衣间

01 | 02

ATTOS LUXURY DEPARTMENT BOUTIQUE SHANGHAI

爱徒奢华之家

设计单位	十分之一设计事业有限公司
主持设计	任萃
项目地点	上海
完成时间	2012年

ATTOS爱徒在中国的第一家旗舰店选址于上海市南京西路931号的一栋老建筑中。该建筑建于1925年，曾经是上海教会的旧址，历经了无数古典荣耀时刻的洗礼，蕴藏着生生不息的能量。也许正是这个原因，令其在低调之中亦能让人感受到某种平静而神圣的气氛。如今，设计大师Philippe Starck在香港设立的第一家时尚精品酒店JIA Hotel与意大利餐厅Issimo也设址在此，吸引了来自全球的艺术家、设计师以及艺人等时尚界的品位人士。

爱徒在整个店铺空间内展现"信、望、爱"的视觉故事：远观泰兴路的落地窗里可以看到一个个缓缓旋转、高低起落的展台，与4米高的LED屏幕，吸引着远程目光。走进ATTOS的大门，进到眼帘的是创世纪故事中的生命树，曲折的木质装饰结构由空间柱体中心点向上至天花，再下转至四周壁面蔓延着的商品陈列架，象征着善恶树以及生命树。沿着天花枝干，垂落着一颗颗透明亚克力展架，里面摆满了世界品牌的皮件。一楼四周散布着不规则的产品陈列台，寓意着人类因着伊甸园的犯罪而破碎；然而，借着高悬于天花的十字与相应的"完美的爱"——耶稣基督的救赎，生命得以完整。

楼梯下的水池，是一楼入口的手表陈列区，象征着"信"，借着洗礼、重生，人类得以与父再次连结。沿着楼梯上二楼，是高级订制珠宝专区，仙境般的二楼，拥有着美食、美酒和珠宝，宝石的璀璨光芒闪耀在自由无拘的家居氛围之中，使人彷佛进入了梦境中满是财宝的乐园，象征着天堂的美好应许。

材质呼应的是诺亚方舟的故事，船上老旧的甲板，二次利用的木地板，叙述一个历经岁月洗礼的时空故事；陈列架上使用的刨花板，是常用于货柜装箱的回收柜体材料；软装上的鹿角、皮革，随着设计师的手法，述说着方舟内动物的再生、传承、和与耶和华的约。

03

01 树枝造型的陈列台如大树一般蔓延整个空间
02-03 红色的陈列台增加了空间的视觉冲击力
04 造型如船的几何形体陈列台
05 展柜细部

04 05

06-07 珠宝首饰陈列区
08 展示柜上方的树枝造型象征着善恶树和生命树
09 一楼入口的手表陈列区

10-11 鞋包展示柜台
12 二次利用的木地板
13 璀璨的珠宝首饰展柜
14 眼镜展架
15 反光的金属饰面丰富了空间的视觉感
16 楼道墙面金色的菱形镜面装饰增加奢华气息

01

AWAKENING STORE
唤觉服饰星光天地店

设计单位	立和空间设计事务所
设计团队	贾立、张征、韩慧生
项目地点	北京
项目面积	56平方米
完成时间	2012年4月

成功的品牌像是一个有思想的人，有着自己的DNA和鲜明的个性。每次为品牌设计终端店的过程也就是和这个"人"从相知到相恋的过程。有了感情的空间，自然就有了让人留恋的地方，让人可以从空间来解读品牌独一无二的气质。

倡导环保理念的品牌——唤觉，一直要求其产品从设计、成衣到终端店面的展卖都要保证尽量不给环境造成负担。他们希望通过其环保的产品，来唤醒大家消耗自然资源的麻木行为，让人们有知有觉地重新认识正确的生活方式。

唤觉品牌在北京新光天地的专柜设计最终被定义为是一个宣扬环保理念的传播站。通过变形的展具来表达当下扭曲的经济系统，人们为了维护这个系统的运作而不惜消耗自然资源、享受着残害地球的生活方式。材料选择了麦秸秆回收板。设计团队与唤觉品牌的合作也是一次心灵重新被净化的过程，他们认为这次设计项目也是一次环保活动。

02

01 材料选择上追求低碳环保
02-06 几何形的简一环保展架

07

07-09 展台及商品摆设都趋近自然简单
10-11 色调单纯的展示区在商场低调且醒目

08 09

10

11

01

N.O.T.A KIDS MULTIBRAND STORE
N.O.T.A KIDS 综合品牌商店

设计单位　　Studio 63 Architecture + Design
项目地点　　浙江宁波
项目面积　　700平方米
完成时间　　2012年

作为国际奢侈品童装代理商，N.O.T.A KIDS 上海新贵实业有限公司的此项综合品牌店设计项目，其主要的设计理念是把店面打造成一个中性化的空间，以便收纳更多不同的品牌。总体构思想要营造一个灵动的、但个性并不非常突兀的的空间感觉，让不同品牌更好地相互融合交替。

整个项目最后的效果，是用白色的中性材料融汇组合呈现的，例如，闪亮的白色漆面中密度纤维板和浅色调的木制地板设计，从而让产品更好地展现。

店的整体布局，引导客人穿梭在一个令人愉悦的、由不同品牌构成的购物区内。一方面，尽管整个店都使用了同样的材料，但通过柔和的

装饰外形选择和灯光的布局，客户对店面空间变化的感知，仍一直不断地在改变；而另一方面，尽管整个空间充满着不同的元素，比如镜子、灯盒，等等，但盘曲的墙面仍不丢失原有的连续性。所以在一个变幻而有充满延展性的空间里，给客人一种独具匠心的购物体验。

N.O.T.A KIDS 作为一个多样化儿童品牌店，他们不只是希望用组合的空间来销售产品，更希望给孩子打造一个梦幻的童话空间。这些空间散落于商店结构柱的旁边，所有的元素都和店铺原有的元素相结合，而白色的背景树让客户在一走进商店，便能感受到梦幻般的童话氛围，这也成为了商店的一个标志性的装饰设计。

01-02 店面入口
03 橱窗里白色的背景树营造童话般的氛围
04 男童装展示区
05 女童装展示区

02

03

04

05

06
07

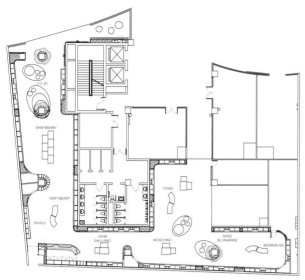

平面布置图

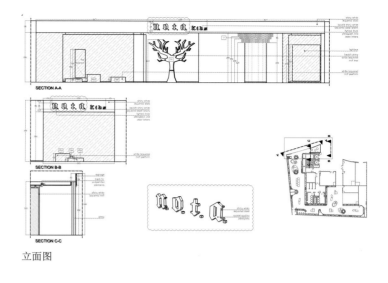

立面图

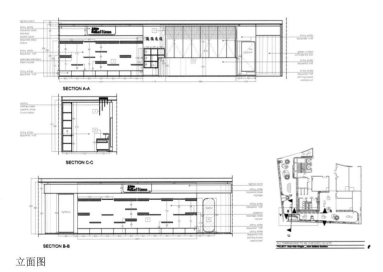

立面图

06 清柔的白色象征了童真
07 蘑菇造型的小凳子增加童趣
08 鞋类展示区
09 模特及展示区

08 09

2013 中 国 室 内 设 计 集 成
CHINESE INTERIOR DESIGN COLLECTION

「娱乐休闲」

ENTERTAINMENT

LEISURE

01

BUTTERFLY
THERAPEUTIC RETREAT
意兰庭保健会所

设计单位　合肥许建国建筑室内装饰设计有限公司
主持设计　许建国
参与设计　陈涛、欧阳坤、程迎亚
项目地点　安徽 合肥
项目面积　460平方米

《偶然》
我是天空里的一片云，
偶尔投影在你的波心。
你不必讶异，
更无需欢喜，
在转瞬间消灭了踪迹。
你我相逢在黑夜的海上，
你有你的，我有我的，方向；
你记得也好，
最好你忘掉，
在这交会时互放的光亮。
设计师借《偶然》这首诗的意境来表达本案，显然寻求的是一种心境，寄托一种情感，亦是大众所期望寻觅的心灵空间。在冥冥闹市中，此处才是你的栖息之所，为你打造舒适自然、安静放松的空间。设计师寻求的恰是蜻蜓点水之情，融入徽派元素整合出最合理的设计空间。少见的清新的中式设计，带有禅意。瓦片的运用，就像是水墨画一样，而且，很少材料上的堆砌，让人耳目一新。特别是那幔帐的运用，柔化了整个空间的感觉。整个室内空间的设计幽雅、安静、富有诗意与情趣。

02

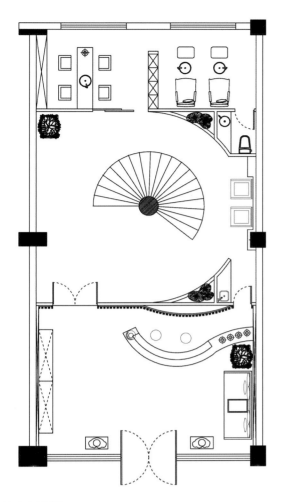

一层平面布置图

03

01 大厅休息处
02 入口
03 弧形接待前台
04-05 大厅局部特写

04

05

211

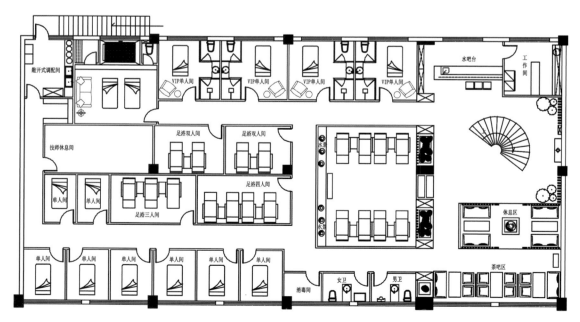

二层平面布置图

12-13 灯光营造出的过道景致
14 禅意的中式风格屏风
15 足疗区幔帐的曲线柔化了空间氛围
16 足疗区入口
17 理疗区

15

16

17

18 富有诗意与情趣的休息区
19-20 休息区的布置彰显古朴而文雅的气质
21 足疗区幔帐的曲线柔化了空间氛围

01

UNDERSTAND WORLD TEA
观茶天下茶室

设计单位　合肥许建国建筑室内装饰设计有限公司
主持设计　许建国
参与设计　陈涛、欧阳坤、程迎亚
项目地点　安徽 合肥
项目面积　360平方米

　　本案位于合肥市黄山路原学府路中环城，这是当地一条文化一脉相承的主街，设计师选择具有浓厚茶文化底蕴的徽派风格来彰显本案特点，创造一个世外桃源之地。本案外观运用马头墙的有序排列，增强了徽文化给人的印象，让人容易注意到这番自然的净土。

　　本案一楼是茶叶销售区，二楼是品茶区。进入门厅，设计师运用书架式隔断，减少外部环境对内部的影响。一楼分为前厅接待区、体验区、休闲景观区、茶叶展示区。茶叶展区中间有水井隔开，展区有序地摆放着茶产品，展区四周设有循环通道，方便人群流动与选取。一楼景观区有古琴、书卷架、观音、假山水景，让人感受一份

平静、朴素、平和、自然的空间氛围。设计师把人造天井运用在本案中，其间的假山水景，巧妙地连接一二两层楼，一楼可以近观人造天井，异常通透，采光效果好，二楼顾客可以俯瞰天井欣赏一楼布景，鹤与流水的造景相映成趣给人一种回归自然与纯朴的感觉。二楼饮茶区分服务区、休闲区、包厢区、书画区、卧榻区，功能齐全，以满足不同客人的需求。另外还设立冷藏储茶区，将客人所购买的茶叶储藏，方便顾客待客之需。徽派建筑讲究四水归堂，上有天井，下有水景，设计师有意将室内一二层景观相互渗透，在空间中层层相互套接，每一处好似各自独立，却又能融合成一个整体。

　　设计师用偶然在家具厂发现的，上世纪留下来的废弃的旧桌腿改造成本案的楼梯扶手，是本案原始、回归、自然的体现。本案通过现代简洁的设计语言来描述，使这样一处充满茶香的文化空间，拉近了与现代生活之间的距离。

　　在色彩控制上，整个空间以稳重的暖色调为主，配合局部光源的处理，以亲切温馨的视觉体验，让空间与人之间的关系更加紧密。很多家具运用了原色，原色系意在根本、本性、自然的特征，茶香无形的香，使品者反观自己的本性——真、善、美。设计师的寓意在于唤醒茶性和人性的真理。

01 连通上下楼的景观天井
02 一楼展销区用书架式隔断
03 建筑外立面
04 茶叶展示区

05 休闲景观区
06-07 采光通风极好的天井结构
08 品茶体验区
09 二楼过道处景观

11

10 仿古代书房布置的书画室
11 二楼休闲区
12-14 二楼装饰出浓郁的文化气息

01 02

JINGUO CLUB
巾帼会所

设计单位　深圳市绽放品牌设计顾问有限公司
主持设计　宝龙
项目地点　广东 深圳
项目面积　1,200平方米

　　粉色的橱窗帷幔加上粉色系的大太阳伞，大块面的白色调外墙砖，加一面桃红色系的侧墙，向视觉及知觉传达了丰富的感情。入口大门只有90厘米宽，这样的设计凸显了"私密"这一主题。

　　会所的大堂以白色为基调，大空间足够的挑高层、流线型桃红内核天花体量、白色欧式亮光漆背板、柠黄宽门套、水晶材质的吊灯，于此处，闭眼冥想，空旷简单的设计仿佛将人们带入一个与世隔绝的自由空间。大厅中布置的东西不多，主要是强调颜色的视觉感受，桃红与柠黄体现出了女性的私密性，白色象征着纯洁，这个大方、简单的大厅设计凸显女性空间的概念。

　　多功能厅是一个可供小型沙龙聚会的场地。

　　黑钛镜面的天花、复古暗色系的质感，伴着悠扬的留声机，有恍如隔世的感觉。蓝孔雀装饰的墙体似金色又似古铜色，此色调的选择是为了彰显女性雍容华贵、张扬中又带有沉稳的不凡气质。再配上陈列整齐的红酒、女性气质的卡座，蕴涵着新东方华丽感的多功能厅，让置身其中的客人尽显尊贵气质。

　　在用餐区，大块面蓝色天鹅绒帷幔包围着整个空间，大面积华丽清新的蓝色调的使用让整个空间宁静明快了起来，配合简欧风格的吊灯，营造出一种独特、高贵、优雅的就餐氛围。一边放置着的咖啡色皮质沙发与黄色茶几、柠檬黄水晶吊灯色调一致，温婉和谐。窗外稀疏斑驳的树木像是天然墙纸，更添了些许自然的气息。

03

04 05

01 优美蓝孔雀装饰的墙体
02 过道的梅花图案彰显女性的气质
03 入口过道
04 温婉典雅的休息沙发

05 高挑的大堂内流线型设计
06 接待前台
07 私密闺房式的包房布置

06 07

08 多功能厅现代派的风格
09 小型会客区
10-11 名品展示及品茶休息区

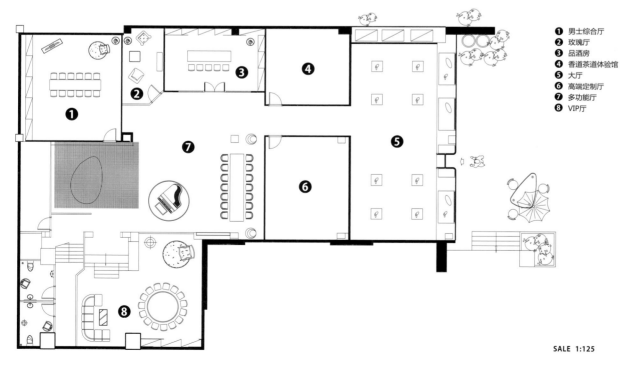

❶ 男士综合厅
❷ 玫瑰厅
❸ 品酒房
❹ 香道茶道体验馆
❺ 大厅
❻ 高端定制厅
❼ 多功能厅
❽ VIP厅

SALE 1:125

平面布置图

09

10 11

12 蓝色调使得华贵的空间显得安静
13 餐厅吊灯特写
14 VIP聚餐厅
15 多功能区
16 品酒区

15

16

SUWENDAO MAN SPA

素问道男士SPA

设计单位	汤建松设计顾问（厦门）有限公司
主持设计	汤建松
参与设计	林龙杰、许毅坚、吴志江、吴日英
项目地点	福建 厦门
项目面积	1,000平方米

黑色的木门，
黑色的墙板，
黑色的镜子里，
亚麻地毯倒映的烛光昏黄。
古旧的妆台，
引入黑岩的纹路黯淡。
清影下的白瓷容颜，
泛起稀世的光彩。
青烟淡淡，
一如这国画泼墨中的些许飞白。
为谁沉醉，
这一曲国风幽然……

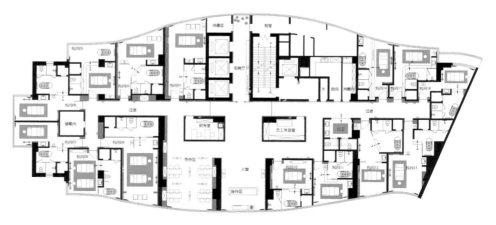

二层平面布置图

01 幽深的大堂及接待台
02 大面积的黑色墙板
03 香烛台
04-05 墙上的书画在灯光映射下意境悠远

06 亚麻地毯上倒影斑驳
07-09 花鸟鱼虫画装饰的墙面
10 接待台
11 活动室

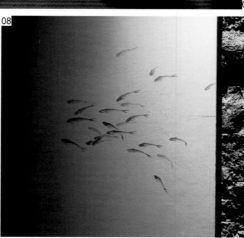

SHIGU GARDEN CLUB
石鼓别苑会所

设计单位　福州宽北装饰设计有限公司
主持设计　许娜
项目地点　福建 福州
项目面积　800平方米
完工时间　2012年

　　掩映于青山碧波间的这一建筑建造于上世纪70年代，其主体结构为条形原石搭砌而成，之前为一CS野战基地，此次投资重新改建，旨在打造一个集户外活动、养身为一体的休闲场所，使到这里的人可以与自然最近距离地接触，亲近蔚蓝，享受碧绿。

　　定位好此番设计的目的后，我们的设计工作便依次有序地展开。先是对建筑原结构进行一些必要的改造，主要是两个方面：一个是楼层的改造，一个是建筑外围环境的改造。原楼顶上加盖了一层，以青砖灰瓦表现出悠远灵动的东方意境；大面积落地窗能够最大限度地把自然带进室内；依地势引入山泉而成的池塘波光潋滟；不远处依山而建的风雨亭在取材和工艺上传承了中国传统建筑元素，在做旧手法的处理后一眼看过去颇有几分似杜甫草堂。通过改造将自然山水与人文建筑更完美地融合在了一起。

　　本案在材料的运用上也是颇费了几番心思，为了遵循原建筑的整体风格，也为了与自然环境的沟通融合达到一致，在用材时，木材占了很大的比重。从门窗到桌椅，到顶楼大面积木地面，再到栏杆等等，很多地方都是木料。值得一提的是，这其中很多是从各地拆掉的老房子中淘来的，于是现在我们可以从很多地方都看到岁月留下的烙印。

　　在陈设上，我们也是强调旧物利用的原则。很多颇具民国风的老式家具也是从多个地方归置来的，把这些旧物置于这样一个全新的空间中，东方风格的秀气典雅得到了新的定义，新旧之间可以更好地契合，更为这一建筑空间增添了几分神韵。

外观立面图1

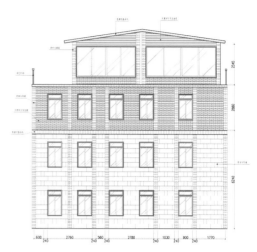

外观立面图2

01 院落入口
02-03 院内景观
04-05 开放式的茶歇休闲区

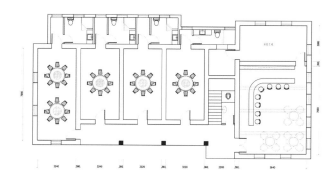

一层平面图

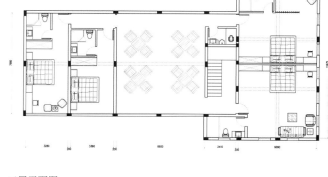

三层平面图

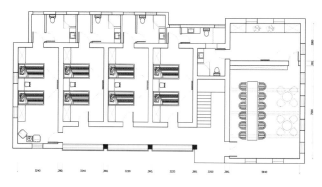

二层平面图

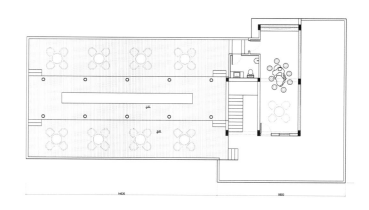

四层平面图

06-07 廊道景致
08 茶室外观
09-10 大面积落地窗能够最大限度的把自然带进室内

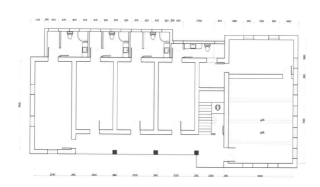

一层结构图

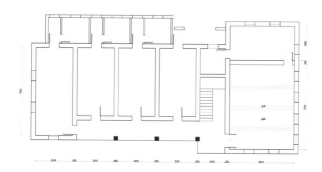

二层结构图

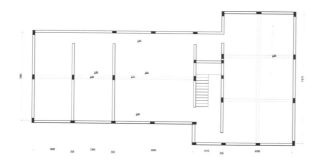

三层结构图

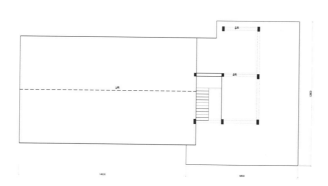

四层结构图

11 楼道
12 依山而建的风雨亭
13-14 大面积木料的选用

13

14

15 院落被群山环绕
16 方形就餐区
17 圆形就餐区
18 很多木材来自旧物利用

2013 中国室内设计集成
CHINESE INTERIOR DESIGN COLLECTION

［公共］
PUBLIC

01

HUNYA CHOCOLATE MUSEUM
台湾宏亚巧克力博物馆

设计单位	潘冀联合建筑师事务所
设计团队	潘冀、苏重威、陈伯桢、蔡恒升、林泓宇、黄天佐、王文、史晓梅、梁世伟
项目面积	3,967平方米
完成时间	2012年

　　业主为了推广巧克力饮食文化，成立了巧克力博物馆，期望借由本案，探讨巧克力的形体、材质或体验过程等各种方面，也借由巧克力这样接受度颇高的食品，为人们提供一个寓教于乐的休闲设施。

　　建筑本体以大块切削面体现动态趣味、以板块虚实展现空间层次。为了表达本工程的独特性，设计师采取了不规则的外型，运用大块切削面表达巧克力块体被掰开似的特殊棱角，同事也陈成全了内部自由流动的空间，并以烤漆铝板外

墙表现巧克力外表的平顺质感。为了使"口感"更为丰富，设计师将朝向入口一区的铝板设计为冲孔方式，让内部的活动、灯光、色彩可以隐约渗出，以单一铝板面与冲孔的混合，激荡出对比的张力。同事还更进一步地将这种对比张力呈现在结构的表现上，铝板区结构以钢筋混凝土彰显厚重的实体，冲孔板区结构则以钢骨表现，尤其运用了非矩阵的梁柱架构，以充满斜角的梁柱关系来突显静态与动态、单一与混合的设计主张。

　　通透与封闭空间以环绕不断的展览动线，

串起明暗交替的空间经验。设计师藉由纯巧克力与内馅间彼此味觉的激荡变化，而引发出对空间安排的想法，将静态感官的展示安排在封闭的钢筋混凝土区，而将开放知识性的内容放在通透的钢构区，二区之间以挑空区隔，并安排空廊、温室、挑空、天窗等通透元素，将室外天光、景观带进室内，绿景、活动、展示内容及川流之游客也藉由层层玻璃，产生相互交融的缤纷影像，如剖开的巧克力流泄出的内馅般。通透的钢结构顺势引导游人至入口，并一路蔓延到户外地景。

02

03

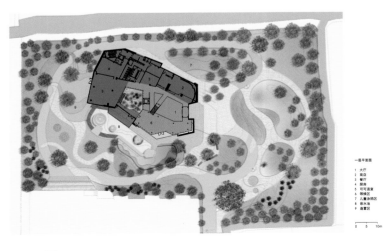

一层平面图

01 入口以剖开的巧克力为设计意向
02-03 室内景象通过半透的冲孔板立面呈现灯笼般的
效果

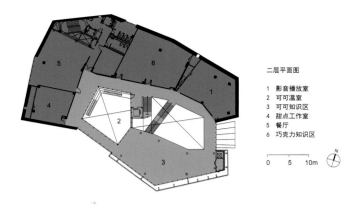

二层平面图

1　影音播放室
2　可可温室
3　可可知识区
4　甜点工作室
5　餐厅
6　巧克力知识区

0　　5　　10m

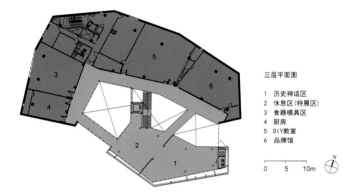

三层平面图

1　历史神话区
2　休息区（特展区）
3　食器模具区
4　厨房
5　DIY教室
6　品牌馆

0　　5　　10m

04

05

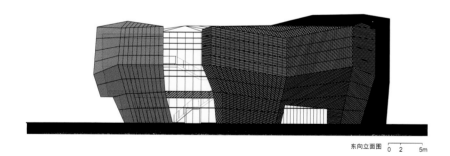

东向立面图　0　2　　5m

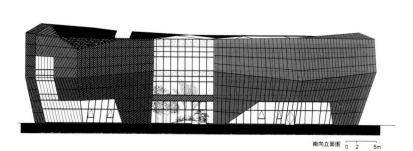

南向立面图　0　2　　5m

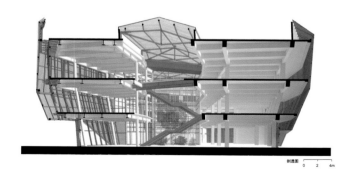

剖透图　0　2　4m

04 主入口的玻璃结构与厚实的墙体虚实并呈
05 轻量钢结构透光效果
06 Z字形钢梁斜柱刻画出流动的空间形态
07 不规则的几何形面
08 室内以不规则面，诠释巧克力剥离断面

建筑结构模型图

09

09 交错的楼梯、空桥、连廊建构出的挑空大厅
10 温室天窗引云影天光
11 温室植载显绿意生机
12 建筑外立面

TAI JI SUN INTERNATIONAL HEALTH MANAGEMENT CENTER

泰济生医院国际健康管理中心

设计单位　姜峰室内设计有限公司
项目地点　天津
项目面积　19,376平方米

　　该项目位于天津武清区天狮国际健康产业园内，占地19,376平方米，是天狮集团最大的独立卫生管理机构，建立和提供全面的、高端的、人性化的健康管理服务，客户遍布全国。它是一个集成了体检、回收、健身、美容的大型综合建筑。

01 高挑宽阔的大厅
02 天花的玻璃结构让室内很好的利用了自然光线
03 建筑外立面

PLATFORM (1X2) IN HONGKONG

香港(1x2)三维空间

设计单位　　CL3 Architects Ltd.
设计团队　　林振国、金满、金裕中、林伟而
项目地点　　香港
项目面积　　530平方米
完成时间　　2011年3月

这个1 x 2的板台面积8米x 12米，全以1 x 2 米层板建成三维立体结构，可用作三种不同用途，包括艺术室、录像观赏室和展览空间。整个空间有时用作晚宴厅或鸡尾酒会的场地，板台就成为目光的焦点，同时可分隔出几个较小空间作不同用途。板台的结构坚固，因为层板是用特别的舌槽接合方法建造，不必使用铁钉以及利用极纤薄的层板，令整个板台成效更高和更环保。

01 艺术展示区域
02 通过玻璃窗可望见室外的青山
03-04 趣味十足的休息区

03

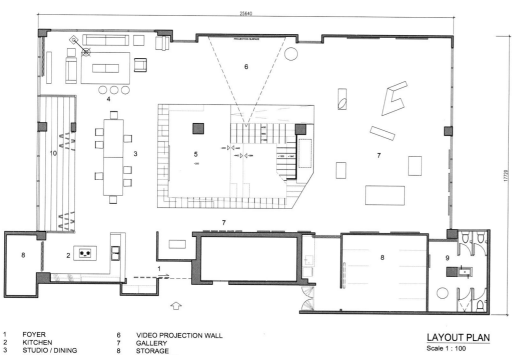

04

1	FOYER	6	VIDEO PROJECTION WALL
2	KITCHEN	7	GALLERY
3	STUDIO / DINING	8	STORAGE
4	SITTING AREA	9	WASHROOM
5	LIBRARY PLATFORM	10	DECK

LAYOUT PLAN
Scale 1 : 100

05

06

07 08

05 影视观赏区
06 中央图书板台
07-08 坐卧随意的阅读区域

09 书架局部特写
10 工作区/用餐区
11 厨房

09 10

11

01

LEHMANN MAUPIN
香港乐曼慕品画廊

设计单位　　OMA
项目地点　　香港
项目面积　　平方米
完成时间　　2013年3月

　　画廊是乐曼慕品在香港的首个展览空间，位于香港金融中心地带一幢硕果仅存的战前建筑物当中，是高质素的展览空间，同时也可作为艺术家的工作室。

　　OMA 将香港乐曼慕品画廊构想成切西尔画廊的延伸，以一种精心安排的粗犷感为特征，揭示了历史悠久的毕打行的不同层次，相较香港中环华丽的建筑群，这种历史层次恰恰令毕打行更显与众不同。

　　画廊由两个展览间组成。主展览间当中，新建的白墙围绕中央的柱子及顶梁，柱子及顶梁均保留着最原始的历史痕迹。次展览间以活动的墙壁分隔，可用作小型展览、私人展览，并可随时与主展览间连接。简约的照明以综合的环境光光管及射灯组成，与展览间经打磨的混凝土地面的相对不经修饰，形成了对照。

　　画廊采用了角门为入口，模糊了区分室内与室外空间的边界，令室内外空间更为融合，同时方便大型艺术品进出画廊。画廊采用的材料响应了纽约的乐曼慕品画廊的主题，强调自然本质。木材夹板、经打磨的混凝土地面以及白色墙面为艺术作品提供了背景。

01 画廊精心安排的粗犷感为特征
02 剥落的水泥墙柱增加了空间的现代艺术气息
03 过道
04 办公区域

05

06

07

05 简约的照明设备
06 画廊以角门为入口
07 材夹板及白色墙面为艺术作品提供了背景

01

XI'AN CHARMING STONE PARADISE
西安世园会魔石乐园

设计单位　上海善祥建筑设计有限公司
主持设计　王善祥
参与设计　李哲
项目面积　1,040平方米

魔石乐园是西安世园会里的一个小场馆，位于园区东南部。

这是一个什么场馆？一开始，游客都不知道。在河滩、海滩随处可见的卵石，除了铺路、景观使用，还能干什么？在来魔石乐园之前游客也都不知道。

魔石乐园项目是在离西安世园会开园只有不到两个月的时候才最终被批准确定下来的。一开始基地选在创意自然馆旁边的一块地，准备新建一个馆，但是规划没批。最后，园区还有一块地方，这里有一个架高压电线的基础墩子，园区要求必须把它利用起来。这墩子是约20年前的构筑物，远看不大，近了才知道它是一个直径约40米，高度6米的石砌圆形构筑物，很像一个小城堡，里面全是土，后来施工期间，大家都叫它"石堡"。此时，距离开园只剩不到两个月时间了！如何利用这个废物"堡"成为当时继续解决的组要问题。

说到建筑的功能，其实里面就是一个"玩"石头的场所。里面大致分为三个功能区域：第一个区域，首先进门是参观区，可以欣赏奇异的天然卵石，并展示一些经过艺术家、游客的绘画等艺术处理的卵石作品。用于第二个区域是商店区，购买一些和石文化有关的纪念品、工艺品。第三个区域是创作区，也就是魔石乐园的核心区，游客必须在参观完前面两个区域后再重新进入才能参与其中。这个核心区是一个室内卵石滩广场，游客随意挑选卵石，然后在创作台上用乐园提供的特殊颜料进行绘画创作，任意发挥。此时此地，谁都可以是一个艺术家！创作完成的作品游客可以自己带走，也可以留下供后来的游客欣赏。其乐无穷！

建筑设计在"石堡"上增加了一个锥型屋顶，上面有天窗，屋檐下也有侧窗，为室内提供天光照明，尽量减少人工照明的能耗。粗放的外围石墙被完全保留下来，承托着轻快的锥形屋顶。屋顶原设计打算采用干挂不规则板岩，由于时间不够，被迫改成了沥青瓦，无奈少了很多韵味。几个出入口采用了耐候钢板装饰，与石墙的厚重协调起来。

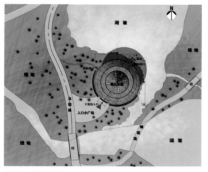

总平面规划图

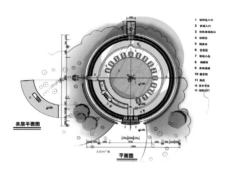

夹层平面图

平面图

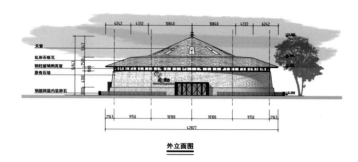

外立面图

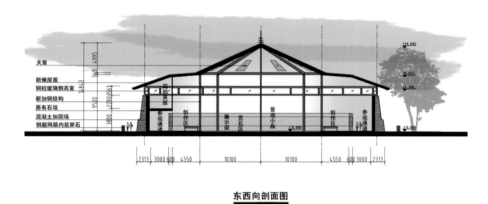

东西向剖面图

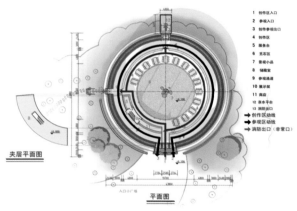

夹层平面图

平面图

01 入口
02 卵石铺设的景观
03-04 基地原貌

05-06 外观远望
07 觅石区及锥型屋顶

07

08 参观通道
09 参观通道细部
10 创作区

11 由出口向外望
12 观景露台
13 夜景外观

11

13

WUXI CHANGGUANGXI WETLAND PARK VISITOR CENTER

无锡长广溪湿地公园游客中心

设计单位　　HKG GROUP
主持设计　　蔡鑫
参与设计　　沈寒峰、金佳明、章廷
项目面积　　4100 平方米
完成时间　　2012年

　　长广溪湿地公园的游客服务中心，依水而建，室内设计延续了建筑的极具江南建筑色彩的坡屋顶建筑特点，主要空间顺势建筑的形态，广泛采用仿木金属格栅，重新诠释怀旧的木作构架气息。采用灰色作为基调，绿色作为点缀，水中荡起的涟漪交织在一起形成巨幅的画面，船型的迎宾台，使参观者感到朴实自然的心旷怡静，除了运用古朴的元素及材质外，每件配饰品包括草绳点缀的标识、原木拼装的骏马、成群飞舞的蜻蜓、一束束芦苇和历经沧桑的枣木树根。都注入了生态的气息，呈现出湿地生机盎然的美景。

01 室内设计延续了坡屋顶的建筑特色
02 休闲咖啡厅
03-04 大堂配饰品

05 进厅船型的迎宾台
06-07 模型展厅的一角
08 模型展厅中木质装饰艺术品
09 极具特色的原木拼装的骏马和曲线拼贴的蜻蜓

08

09

01 02

WUXI (NATIONAL) DIGITAL FILM INDUSTRIAL PARK

无锡（国家）数字电影产业园

设计单位	HKG GROUP
主创设计	李砺恒、Calvin slin、陆嵘
参与设计	田珺、苏嘉琳、卜兆玲、景渊、董泠、杨雅楠、周檬
项目面积	20,400平方米
完成时间	2012年

无锡（国家）数字电影产业园位于无锡市滨湖区，原址为滨湖区雪浪轧钢厂。其中心平台去是一个集购物、休闲、娱乐于一体的综合性商业空间，建筑面积约2万平方米，为整个数字电影产业园提供商业配套服务，其中包含电影展览、影视体验、商业零售、餐饮娱乐等功能，其目的是打造一条极具人气的商业街，设计力求展现美国好莱坞风格。设计师引入了大量的电影元素，以一个好莱坞故事为主线，进行贯穿始末的商业设计，使整个商场极具艺术氛围，并能让顾客仿佛置身于美国街区与好莱坞电影世界之中。

03

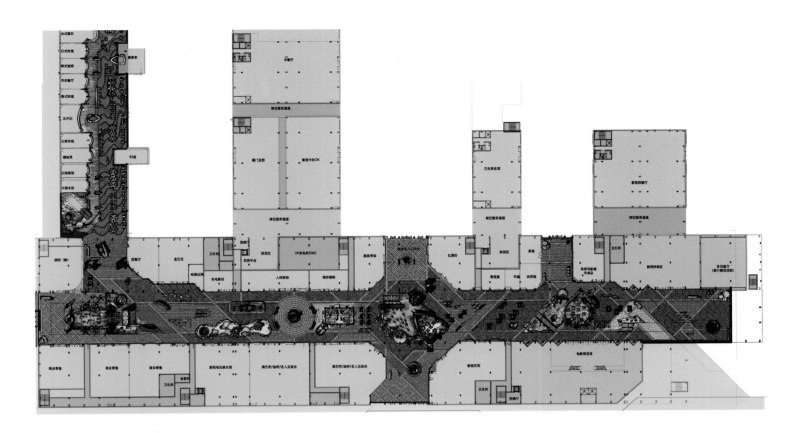

中庭平面图

01 商业街中庭中的造景
02 蓝色喷泉雕塑
03 商业街一景

华莱坞C区美食街 —— 立面图
CHINAWOOD Zone C Food Street —— Elevation

华莱坞C区 —— 剖面图　　CHINAWOOD Zone C —— Section

华莱坞C区 —— 立面图　　CHINAWOOD Zone C —— Elevation

立面图

04

04　大面积的采光天顶
05　木质铺设和金属栏杆过桥
06-07　中庭11仿真雕塑

08 美式红砖墙店铺外立面
09 欧式拱形玻璃窗
10 独立店铺外立面
11 走道与店铺外立面
12 商业街内景效果